科學少年學習誌

編著／科學少年編輯部

科學閱讀素養
地科篇 7

《科學閱讀素養地科篇：超級聖嬰來襲》
新編增訂版

遠流

課程連結表

文章主題	文章特色	搭配108課綱（第四學習階段 — 國中）	
		學習主題	學習內容
尋找水世界	介紹水具有多種特性，與生命的演化息息相關，以及目前所知外太空當中與「水」有關的跡象。	地球環境（F）：組成地球的物質（Fa）	Fa-IV-1 地球具有大氣圈、水圈和岩石圈。 Fa-IV-5 海水具有不同的成分及特性。
		物質的反應、平衡及製造（J）：水溶液中的變化（Jb）	Jb-IV-3 電解質在水溶液中會解離出陰離子和陽離子而導電。
追日行動	除了從歷史紀錄來看日食，也介紹日食成因，以及日冕與日珥等在日全食時能觀察到的太陽特徵。	地球環境（F）：組成地球的物質（Fb）	Fb-IV-3 月球繞地球公轉；日、月、地在同一直線上會發生日月食。
		自然界的現象與交互作用（K）：波動、光及聲音（Ka）	Ka-IV-6 由針孔成像、影子實驗驗證與說明光的直進性。
驚天動地的告別——超新星爆炸！	從超新星的類型到爆炸過程，都有詳盡介紹，並說明超新星爆炸後產生的影響。	物質系統（E）：力與運動（Eb）；宇宙與天體（Ed）	Eb-IV-1 力能引發物體的移動或轉動。 Ed-IV-1 星系是組成宇宙的基本單位。 Ed-IV-2 我們所在的星系，稱為銀河系，主要是由恆星所組成；太陽是銀河系的成員之一。
		地球環境（F）：地球與太空（Fb）	Fb-IV-1 太陽系由太陽和行星組成，行星均繞太陽公轉。
外星地牛也翻身	從我們的家——地球的地震成因、板塊構造等基本知識，介紹現已確認有地震現象的月球、火星。	變動的地球（I）：地表與地殼的變動（Ia）	Ia-IV-1 外營力及內營力的作用會改變地貌。 Ia-IV-2 岩石圈可分為數個板塊。 Ia-IV-3 板塊之間會相互分離或聚合，產生地震、火山和造山運動。 Ia-IV-4 全球地震、火山分布在特定的地帶，且兩者相當吻合。
		物質系統（E）：宇宙與天體（Ed）	Ed-IV-1 星系是組成宇宙的基本單位。 Ed-IV-2 我們所在的星系，稱為銀河系，主要是由恆星所組成；太陽是銀河系的成員之一。
		地球環境（F）：地球與太空（Fb）	Fb-IV-1 太陽系由太陽和行星組成，行星均繞太陽公轉。 Fb-IV-2 類地行星的環境差異極大。
地球的「御風術」	介紹地球行星風系的發現史，從單胞環流到三胞環流的推論，以及沃克環流的形成機制。	物質系統（E）：氣體（Ec）	Ec-IV-1 大氣壓力是因為大氣層中空氣的重量所造成。
		地球環境（F）：組成地球的物質（Fa）	Fa-IV-4 大氣可由溫度變化分層。
		變動的地球（I）：天氣與氣候變化（Ib）	Ib-IV-2 氣壓差會造成空氣的流動而產生風。 Ib-IV-3 由於地球自轉的關係會造成高、低氣壓空氣的旋轉。
超級聖嬰來襲	介紹了聖嬰與反聖嬰的大氣、海水分層狀態變化，以及太平洋東西岸氣候受影響的原因。	變動的地球（I）：海水的運動（Ic）	Ic-IV-2 海流對陸地的氣候會產生影響。
		資源與永續發展（N）：氣候變遷之影響與調適（Nb）	Nb-IV-2 氣候變遷產生的衝擊有海平面上升、全球暖化、異常降水等現象。 Nb-IV-3 因應氣候變遷的方法有減緩與調適。
不能「梅」有雨	介紹梅雨的形成原因、水氣的來源，到梅雨的相關觀測，並補充梅雨並非臺灣地區獨有，進而更進一步認識這項天氣變化。	能量的形式、轉換及流動（B）：溫度與熱量（Bb）	Bb-IV-1 熱具有從高溫處傳到低溫處的趨勢 Bb-IV-2 透過水升高溫度所吸收的熱能定義熱量單位。 Bb-IV-4 熱的傳播方式包含傳導、對流與輻射。
		變動的地球（I）：天氣與氣候變化（Ib）	Ib-IV-1 氣團是性質均勻的大型空氣團塊，性質各有不同。 Ib-IV-2 氣壓差會造成空氣的流動而產生風。 Ib-IV-3 由於地球自轉的關係會造成高、低氣壓空氣的旋轉。 Ib-IV-4 鋒面是性質不同的氣團之交界面，會產生各種天氣變化。 Ib-IV-5 臺灣的災變天氣包括颱風、梅雨、寒潮、乾旱等現象。
土壤液化——我家會不會有危險？！	介紹土壤液化的發生條件，以及內部過程圖片解析，並補充說明中央研究統整之土壤液化網頁，以及預防土壤液化的方式。	變動的地球（I）：地表與地殼的變動（Ia）	Ia-IV-1 外營力及內營力的作用會改變地貌。 Ia-IV-2 岩石圈可分為數個板塊。 Ia-IV-3 板塊之間會相互分離或聚合，產生地震、火山和造山運動。
		地球的歷史（H）：地層與化石（Hb）	Hb-IV-1 研究岩層岩性與化石可幫助了解地球的歷史。 Hb-IV-2 解讀地層、地質事件，可幫助了解當地的地層發展先後順序。

如何閱讀本書？

每一本《科學少年學習誌》的內容都含括兩大部分，一是選自《科學少年》雜誌的篇章，專為 9～14 歲讀者寫作，也很合適一般大眾閱讀，是自主學習的優良入門書；二是邀請第一線自然科教師設計的「學習單」，讓篇章內容與課程學習連結，並附上符合 108 課綱出題精神的測驗，引導學生進行思考，也方便教師授課使用。

108 課綱「課程連結表」

逐篇標示對應的學習主題、內容與文章特色。讀者可依學校進度閱讀並練習，補充相關的課外知識。

隨選隨讀！

每一本《科學閱讀素養》內都有多篇文章，每篇各自獨立，不需按順序閱讀。讀者可依個人情況規劃合適的進度，也可憑喜好或學習歷程挑選文章閱讀，從平日開始培養科學素養。

主文為先

每一篇文章視主題大小寫作，或長或短。文章多由讀者有感的經驗或角度切入，並搭配大幅照片或圖片，讓讀者更容易進入。

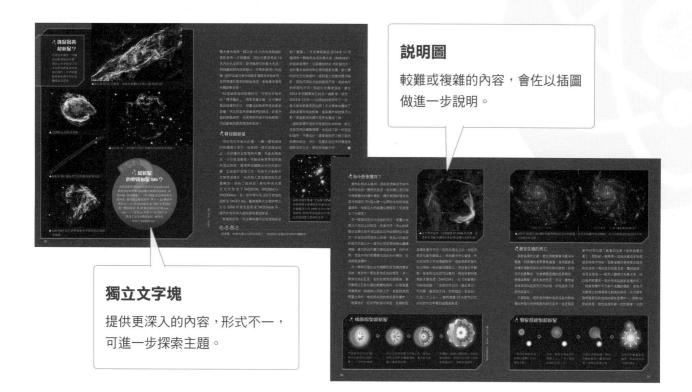

說明圖

較難或複雜的內容，會佐以插圖做進一步說明。

獨立文字塊

提供更深入的內容，形式不一，可進一步探索主題。

學習評量

每篇文章最後附上專屬學習單，作為閱讀理解的評估，並延伸讀者的思考與學習。

主題導覽

以短文重述文章內容精華，協助抓取學習重點。

挑戰閱讀王

符合 108 課綱出題精神的題組練習測驗。

關鍵字短文

讀懂文章後，從中挑選重要名詞並以短文串連，練習尋找重點與自主表達的能力。

延伸知識與延伸思考

文章內容的延伸與補充，開放式題目提供讀者進行相關概念及議題的思考與研究。

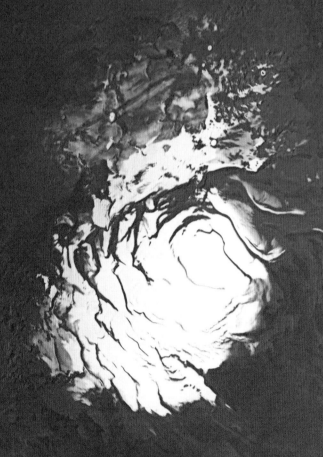

圖片來源：ESA/DLR/FU Berlin、ESA、D. Ducros、Wikimedia Commons

▲火星南極的冰蓋。科學家認為火星南極附近地
　底下存有數座湖泊。右圖方框標示處為 2018
　年報告中指出的湖泊位置。

▶▶右頁上圖為歐洲太空總署於 2003 年發射的
　　火星快車號，於同年年底進入繞行火星的軌道，
　　除了拍攝影像，也透過瑪西斯雷達蒐集訊號。

尋找水世界

在火星上發現水的新聞，總是讓許多科學家興奮不已。為什麼在外太空找到水這麼重要呢？除了火星，還有哪裡有水？

撰文／黃相輔

綜觀太空新聞，「水」經常是引人矚目的主題，尤其目前正如火如荼進行中的火星探險，更少不了尋找液態水的任務。2015年9月底，美國航太總署（NASA）曾大張旗鼓召開記者會，宣布有關於火星的重大消息——科學家根據「火星勘查軌道號」（Mars Reconnaissance Orbiter）拍攝的影像，找到火星表面有液態水存在的證據。2018年7月，歐洲太空總署（ESA）科學家更表示，根據「火星快車號」（Mars Express）瑪西斯雷達（MARSIS）蒐集到的訊息，顯示火星南極冰層下方存有液態水湖泊。

這些新聞雖不比找到外星人般聳動，但已經足以讓尋找外星生命的科學家興奮不已。為何在火星上發現液態水如此意義非凡呢？

火星上的水流痕

火星勘查軌道號於 2005 年發射，隔年進入火星軌道繞行。科學家根據它拍攝的影像，在火星上一些神祕的條紋處找到水合礦物的痕跡。這些火星條紋會隨季節消長，顏色在溫暖的季節變深，並有沿著陡坡流動的跡象，在較寒冷的時期顏色則變淡，甚至消失無蹤，顯示火星表面存在著間歇性的水流，有如地球上冬末春初時高山山麓的淙淙融雪。科學家早已懷疑這些隨季節變化的條紋，正是火星上的「河流」，而水合礦物等於是替這個假設提供了強力的證據。

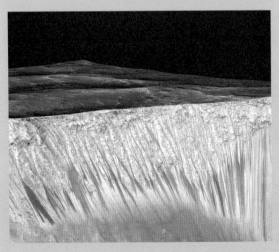

▶根據火星勘查軌道號的觀測資料繪製的影像。科學家認為左側山坡上長約 100 公尺的暗色條紋，即為液態水流動造成的痕跡（圖為人工上色影像，非肉眼實際所見）。

◀火星上的賈尼隕石坑（Garni Crater）邊緣具有暗色條紋，科學家認為那是液態水流動的痕跡（圖為根據觀測資料製作的電腦模擬影像，非肉眼實際所見）。

「跟著水找」就對了！

　　大家琅琅上口的生命三要素，正是陽光、空氣及水，然而前兩者是以人類及部分動植物為標準，並不適用於我們眼中的許多「怪咖」──在見不到陽光的黑暗深海及地底，仍有許多生物活躍，另外也有些細菌及原生生物是厭氧的。三要素之中，只有液態水是維持地球生命不可或缺的條件，即使某些生物具有耐旱的本領，也無法在完全缺水的環境中生存繁衍。

　　近幾年，科學家在地球上的深海、溫泉等生存條件非常嚴苛的地方，驚喜的發現生命存在。這些嗜極生物（extremophile）刺激了人們的想像──若生命能在地球上的極端環境中欣欣向榮，那在外太空或其他行星上又何嘗不能？

　　所以天文生物學家找尋外太空生命的方針，即是「跟著水找」。有人或許會反駁，認為「跟著水找」的假設是以地球生命為本，也許外星生命根本不需要液態水！但由

圖片來源：JPL/NASA、NASA/JPL/University of Arizona

於水對地球上所有的生命都非常重要，因此若在地球以外找到液態水，也代表該處有生命存在的可能性較高，或至少擁有適合地球生命移居的潛力。NASA 的資深科學家莫里森（David Morrison）就曾表示，與其漫無目的四處尋找，先從有液態水的地方起步，才是追尋地球以外生命的最佳策略。

既然科學家已證實火星表面的條紋是液態水流動的跡象，又揣測火星南極冰層下有液態水湖泊，那會不會有類似地球魚兒的火星生物，優游在這些「河流」或「湖」裡呢？其實火星上的液態水，很可能與我們熟悉的水大不相同。

根據火星探測任務得出的土壤分析，火星土壤廣泛含有「過氯酸鹽」這種成分，因此火星上的液態水很可能也含有大量的過氯酸

生命泉源：水

液態水能如此適於滋養生命，有賴於它獨特的物理及化學性質，像是比熱較大、具有極性、特殊的密度變化等等，這些特性使水具有許多維持生理機能運作的功能。

動物體內的血漿或體液成分，絕大部分是水。

維管束植物依賴水分子之間的氫鍵連結及蒸散作用，在導管內向上運輸水分。

植物靠光合作用分解水而將二氧化碳轉化為能量，過程中釋出的氧可供生物呼吸。

水的比熱大，易於散熱且較不易改變溫度，有助於調節氣候。這也是沿海或近水地區溫差往往較小的原因。

冰的密度比水小，能夠浮在水上。

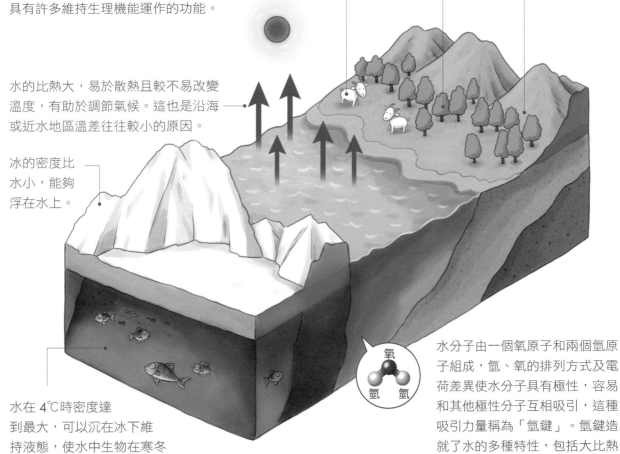

水在 4℃ 時密度達到最大，可以沉在冰下維持液態，使水中生物在寒冬時依然能在水裡優游。

氧
氫　氫

水分子由一個氧原子和兩個氫原子組成，氫、氧的排列方式及電荷差異使水分子具有極性，容易和其他極性分子互相吸引，這種吸引力量稱為「氫鍵」。氫鍵造就了水的多種特性，包括大比熱及固態時較小的密度。

繪圖：林麗娟

鹽。過氯酸鹽水溶液能大幅降低水的冰點，具有「防凍劑」的效果，很可能正是這個關鍵因素，才使得水在火星低溫低壓的環境下仍能保持液態。

過氯酸鹽也存在地球的自然界中，可用來製造火箭燃料及煙火的氧化劑。但在環境工程專家眼中，它是不受歡迎的汙染物──因為人類若不小心攝取過量，會降低甲狀腺素合成，使甲狀腺功能失調。換句話說，對人類而言火星上的水是有毒的鹹水。科學家進一步模擬火星上的環境條件進行細菌實驗，發現細菌死亡率大幅增加。由於火星上大氣層稀薄，紫外線直射地表，與過氯酸鹽反應形成劇毒，並不利於生命存活。因此若想尋找火星上的生命，應以地下生命為主。

為什麼 水以外的液體 就不能孕育生命嗎？

水有益於地球生命，卻不代表其他液體無法替代水而孕育生命。太陽系的其他天體也有類似湖泊、甚至海洋的地形，如土星最大的衛星泰坦，表面分布許多由液態甲烷、乙烷及丙烷等碳氫化合物組成的「湖泊」（見右圖）。因此科學家常懷疑泰坦可能有生命存在──如果真的如此，泰坦上的生命形態也許與地球生物截然不同。

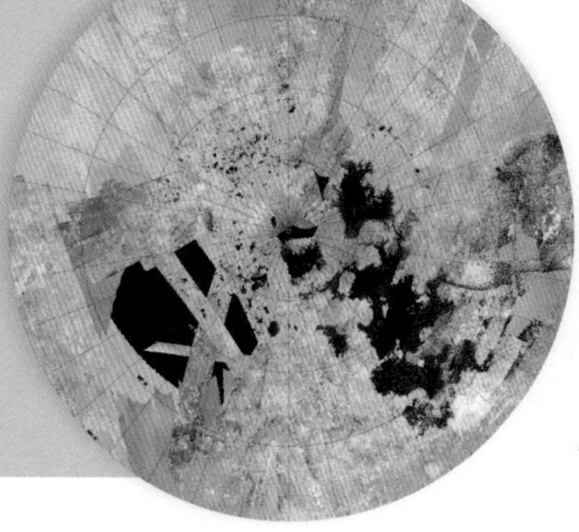

天文生物學家「跟著水找」的策略還有其他依據：氫及氧元素在宇宙中的豐度分別排名第一及第三，因此宇宙中應該有相當豐富的水，雖然絕大部分並不是以液態的形式存在，例如星際介質中充滿許多冰粒，彗星主要由水冰組成，另外水冰也大量分布於太陽系的小型天體上，尤其是在小行星帶以外的範圍。因此，基於水而演化的生命（例如地球生物）應該比其他生命形態廣泛，畢竟水是相對容易取得的原料。

水世界夢幻名單

那麼，除了地球及火星，太陽系內其他地方也有液態水存在嗎？我們先從其他行星開始檢視：首先，距離太陽最近的水星沒有大氣層，表面直接暴露在日光底下，環境嚴苛。白天時，水星的表面溫度可能超過300℃，到了夜晚可能降至-150℃以下。雖然科學家在水星北極的隕石坑發現了水冰的存在，但這些水冰是處於陽光照射不到的永凍環境中才得以保存，不可能轉化成流動的液態水。

金星和溫差大的水星不同，大氣層濃密、溫室效應嚴重，是高溫高壓的煉獄。金星表面終年保持462℃以上的高溫，液態水自然不可能存在於如此酷熱的環境。太陽系外圍的木星、土星、天王星、海王星，則都是由氣體構成的巨無霸。它們缺乏固態的地表，擁有大量的液態

▲卡西尼號曾拍攝到恩西拉達斯表面有冰火山噴發的現象。
▶歐羅巴可能具有地下海洋。

圖片來源：NASA/JPL/SSI

氫，卻沒有液態水存在。

　　既然其他行星上不可能有液態水，我們再把目光轉向衛星及小天體。根據目前已知的觀測資料，科學家列舉了以下這串太陽系的「水世界」候選名單，包括矮行星穀神星（Ceres），木星的衛星歐羅巴（Europa，木衛二）、加尼美得（Ganymede，木衛三）、卡利斯托（Callisto，木衛四），土星的衛星恩西拉達斯（Enceladus，土衛二）、泰坦（Titan，土衛六）、密馬斯（Mimas，土衛一），海王星的衛星特里頓（Triton，海衛一），以及冥王星。這些衛星或小天體表面多由冰層構成，科學家懷疑在它們固態的冰層下方，可能隱藏有液態水、甚至「海洋」。儘管這些假設仍缺乏直接證據或僅止於臆測，依然不失為一份提供未來探索目標的夢幻名單。

　　在這串名單之中，最令人矚目的是歐羅巴及恩西拉達斯，這兩顆衛星的共同特徵是表面具有大致平坦的冰層，地表極寒冷，平均溫度都遠低於 -100℃，使冰層終年結凍。然而，由於母行星與衛星之間的潮汐力作用可以加熱衛星內部，科學家認為在冰層下方可能有較溫暖的液態水，甚至規模大到如「地下海洋」，可能位於地下數十公里極深之處。2019 年，NASA 證實歐羅巴的噴流現象中存有水蒸氣，使這顆衛星存在生命的可能增加不少。

　　除了理論推測，太空探測船任務也陸續提供這兩顆衛星有地下海洋的間接證據。由伽利略號太空船的觀測，科學家發現歐羅巴具有微弱的磁場，可能是由地下海洋中含鹽分的液態水所造成。根據卡西尼號拍攝的影像，科學家於 2005 年發現，恩西拉達斯表面有「冰火山」的地質現象。這些冰火山有如地球上的噴泉，噴發的不是熔岩而是冰晶。液態的地下海洋可能是冰火山噴發冰晶的來源——好比地球的岩漿庫。

　　美國航太總署及歐洲太空總署皆規劃在未來前往木星或土星，進行無人探測任務，對這兩顆衛星進行更詳細的調查，就讓我們拭目以待。㊼

作者簡介

黃相輔　中央大學天文研究所碩士、倫敦大學學院科學史博士。最大的樂趣是親手翻閱比曾祖父年紀還老的手稿及書籍。

尋找水世界

國中地科教師　羅惠如

主題導覽

　　科學家在探測火星的過程中，發現這顆紅色星球可能有液態水，這是多麼令人振奮的消息！水是構成生物體的要素之一，地球自 46 億年前誕生後，歷經了漫長時間，才有液態水的存在。科學家透過實驗及觀察的證據推測，地球原始生命可能來自於海洋或潮濕的地方，因此，若想在外星球尋找生命，首要務必先找到水。由於系外行星距離太陽系過於遙遠，研究較為困難，故轉為鎖定太陽系內，目前近至火星、木星衛星、土星衛星等，已推論出數個可能有水的天體。

　　〈尋找水世界〉介紹科學家在外太空尋找液態水的研究與發現，閱讀完文章後可利用「挑戰閱讀王」了解自己對文章的理解程度；「延伸知識」與「延伸思考」補充說明了適居帶、嗜極生物等內容，幫助你更深入了解太空生命的可能。

關鍵字短文

　　〈尋找水世界〉文章中提到許多重要的字詞，試著列出幾個你認為最重要的關鍵字，並以一小段文字，將這些關鍵字全部串連起來。例如：

關鍵字：1. 水　2. 水合礦物　3. 火星　4. 太空探測船　5. 歐羅巴

短文：科學家透過太空探測船等的觀察，從火星上水合礦物的流動條紋確定了液態水的存在，因流動條紋會隨季節變化，而認為火星上存有間歇性的水流。陽光、空氣、水為生命生存的三大要素，藉由觀察地球生物的生存條件，可知水是其中不可或缺的元素，因此「找到水」成為尋找外太空生命的首要條件。科學家列舉太陽系中可能有水的天體，如穀神星、歐羅巴、恩西拉達斯……等，這些天體表面具有冰層，據推測冰下可能存有液態水，是我們找尋生命的方向。

關鍵字：1.＿＿＿＿　2.＿＿＿＿　3.＿＿＿＿　4.＿＿＿＿　5.＿＿＿＿

短文：＿＿＿＿＿＿＿＿＿＿＿＿＿＿＿＿＿＿＿＿＿＿＿＿＿＿＿＿＿

＿＿＿＿＿＿＿＿＿＿＿＿＿＿＿＿＿＿＿＿＿＿＿＿＿＿＿＿＿＿＿＿＿

挑戰閱讀王

閱讀完〈尋找水世界〉後，請你一起來挑戰以下題組。

答對就能得到👍，奪得 10 個以上，閱讀王就是你！加油！

☆水是組成生物體的重要物質，而生物演化的推論過程認為生命來自於海洋。有關
　水的物理及化學等特性，你了解多少呢？試著回答下列問題。

（　　）1.水對於生物生存的重要性，包括下列哪些項目？（多選題，答對可得到 2
　　　　　個👍哦！）

　　　　　①生物體內約有 70% 的水

　　　　　②物質須溶於水中才能在生物體內擴散或運送

　　　　　③水蒸發或蒸散時能幫助生物散熱

　　　　　④水結冰後密度變大、浮力增大，故能浮在洋面上，保護海面下生物

（　　）2.在一個天體上發現水並非不可能，但要有「液態水」的存在並不容易，試
　　　　　問下列哪些條件之下，較可能有液態水的存在？（多選題，答對可得到 1
　　　　　個👍哦！）

　　　　　①攝氏溫標 0 ～ 100 度內　②華氏溫標 32 ～ 212 度內

　　　　　③全星球日夜溫差介於攝氏 100 度內　④全星球比熱數值為 1

（　　）3.水的比熱為 1 卡／克℃，此特性對於生物或氣候最大的優勢為下列何者？
　　　　　（答對可得到 1 個👍哦！）

　　　　　①可以一直以液態存在

　　　　　②不會在細胞內形成冰晶而刺破細胞

　　　　　③外界溫度變化時，本身溫度可較緩慢上升、緩慢下降，變化較不劇烈

　　　　　④溶解度很大，幾乎所有物質均能成為水溶液

（　　）4.改變地球地貌的作用力主要有風化、侵蝕、搬運、沉積，其中與水有關的
　　　　　地貌為冰川、河流、波浪等，請問下列哪些，可能代表著曾經有「液態水」
　　　　　活動過？（多選題，答對可得到 1 個👍哦！）

　　　　　①大塊岩石經過多年後自動碎裂成多塊　②地貌出現 V 型谷

　　　　　③地貌出現 U 型谷　④發現沉積岩存在

（　）5. 請思考：文章中或科普知識中，使用了哪種間接證據來證明火星上存有「液態水」？（答對可得到 1 個👍哦！）

①某些火星條紋會隨季節消長　②火星因有很多氧化鐵而呈現紅色

③火星地表凹凸不平　④太空探測裝置發現海洋生物化石的存在

☆科學家在宇宙間尋找適居帶，但想找到像地球一樣的生物適居環境，需要同時具有許多巧合，請試著回答以下幾個問題：

（　）6. 恆星本身的狀態，會決定環繞它的行星是否有足夠的時間能運用化學物質轉換出生命原料，例如建構 DNA、RNA；或是否有足夠距離，可形成適合生物生存的溫度。以太陽系為例，地球的形成條件適合生命生存的原因包括下列哪些？（多選題，答對可得到 2 個👍哦！）

①太陽系形成時間早於地球，且太陽能活幾十億年以上

②地球形成已有 46 億年的時間，有足夠的機會生成這些條件

③太陽系形成早於宇宙，有足夠的機會產生生命

④地球與太陽距離適當，使水有三態變化，大大提升生物生存的可能

（　）7. 行星獲得的能量來自於恆星的輻射，而一個行星能獲得的能量可從距離恆星多遠計算出來。以地球條件來計算，平均溫度約落在攝氏 7 度左右，但因溫室效應的緣故，目前地球的均溫為攝氏 15 度，試問下列哪些是常見的溫室氣體？（多選題，答對可得到 2 個👍哦！）

①氮氣　②氧氣　③水氣　④二氧化碳　⑤甲烷

（　）8. 請依照溫室氣體對地球的影響判斷，如果一個星球有液態水，對於該星球的大氣或溫度調節有何影響？（答對可得到 1 個👍哦！）

①使星球產生溫室效應，較能保溫，適合生物生存

②使星球免於溫室效應的影響，可維持一定的低溫或高溫

③只對於生物生存有影響，不會影響大氣及溫度調節

④能使大氣溫度保持在攝氏 0 至 100 度間

☆電解質在水中可分離並產生帶電離子，種類分成酸類、鹼類、鹽類。在鋅銅電池

的例子中，我們知道置入鹽橋後才會產生電流，且鹽橋中須有電解質才能保持溶液的電中性。鹽類解離、電流、磁場這些概念的集合，能成為推測有水的證據嗎？這些科學家發現的證據，是否有產生生命的可能？想一想，試著回答下列問題：

（　　）9. 文章提到的過氯酸鹽中，過氯酸銨（NH_4ClO_4）可做為固態火箭燃料、過氯酸鉀（$KClO_4$）可用於煙火，其中過氯酸銨又可做為氧化劑，有關氧化劑的特性，下列敘述何者正確？（多選題，答對可得到 2 個👍哦！）

　①可使另一物質發生氧化，自己發生還原反應

　②可使另一物質發生還原，自己發生氧化反應

　③常見的氧氣、次氯酸鈉為此類例子

　④常見的氫氣、二氧化硫為此類例子

（　　）10. 在火星上發現的液態水可能含有大量過氯酸銨，這樣的鹹水即使不考慮毒素，因為滲透壓也會使生物難以存活。如果將動物單一細胞置入高濃度鹹水中，請問細胞中的水將如何移動，細胞形狀將如何變化？（多選題，由①至③選擇一項，由④至⑥選擇一項，答對可得到 1 個👍哦！）

•箭頭為水移動的方向　•箭頭粗細代表移動的量

　④細胞形狀脫水皺縮　⑤細胞形狀維持不變　⑥細胞脹破

（　　）11. 根據電流磁效應，通有直流電的導線或線圈，周圍會產生磁場，藉由觀察磁場可反推電流的存在。歐羅巴上具有磁場，我們能從磁場判斷電流，進而確認地下海洋鹽類的存在嗎？請以地球為例，判斷地球磁場的主要來源為何？（答對可得到 1 個👍哦！）

　①太陽風吹襲，使地球獲得帶電粒子而有磁場

　②地球內部地核有液態鐵、鎳金屬的流動

　③地函軟流圈內物質含有大量鹽類解離，因而能導電

　④地球生成時內部即有大磁極，一端 S 極，一端 N 極

延伸知識

1. **適居帶**：指宇宙間適合生命生存的地方，通常為行星或衛星。由於需要熱源的存在，因此與恆星的距離不同或恆星狀態不一樣，皆會使適居帶的範圍改變。以太陽系為例，恆星只有太陽一顆，經由計算得知金星、地球、火星等，均落在太陽系的適居帶內。但要進一步孕育出生命，還需要較濃厚的大氣、液態水、較重的元素（如鐵）等條件，因此科學家目前轉往觀察系外行星，尋找與地球條件類似且落在適居帶的行星，較可能找到生命存在。

2. **嗜極生物**：可生存在極端環境下的生物。地球的極端環境包括高山空氣稀薄之處、熱泉附近、深海無光高壓環境等，這些地方的生命生存三大元素「陽光、空氣、水」較不充足，或溫度極高、酸鹼值不合適常見的生物生存，存在的生命多為古菌等原核生物，也有較複雜的多細胞生物，例如磷蝦。

3. **地球形成後液態水出現的過程**：地球歷經 46 億年的演化，起初為炎熱的大火球，水以水蒸氣的狀態存在，即使在高空中凝結降水，仍再度被蒸發回空中，直到地表溫度降到攝氏 100 度以下，液態水才得以累積。最初的水來自何方仍備受爭議，主要有兩派說法：一為彗星撞擊所帶來，一為地球內部岩漿活動產生，目前支持後者的人較多。根據最古老的沉積岩推測，地球上的液態水至少在 39 億年前就已經出現。

延伸思考

1. 地球原始生命的出現，一直是科學家極感興趣的研究主題。1953 年，米勒－尤里實驗（Miller-Urey experiment）將地球早期可能具有的氣體放進實驗裝置中，想模擬最初的生命是否能形成。過程中透過不斷蒸煮，發現水中能合成簡單的有機分子。請查找書籍或網路，了解這一段科學史，並說明後來的研究者如何改良實驗，又獲得了怎樣的新推論。

2. 水的三態變化與溫度和氣壓有關，請參考下一頁的水氣飽和曲線圖，想一想：如果一個星球上有水氣存在，要如何調整環境中的溫度變化，才能使水變成液態（進入飽合區）？並請查找資料，穀神星、歐羅巴、加尼美得、卡利斯托、恩西拉達斯、泰坦、密馬斯、特里頓、冥王星上，是否有大氣存在？如果有，是否有足夠的環

境條件形成液態水？

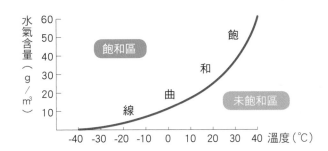

3. 過氯酸鹽水溶液能降低水的冰點，是一種抗凍劑，能使水在低溫低壓的環境中保持液態。什麼是「抗凍劑」？抗凍劑對於生物而言也很重要，在細胞內可防止水形成冰晶而刺破細胞。但地球生物並無法使用過氯酸鹽當做抗凍劑。請查一查，抗凍劑需要符合哪些條件？現今人類使用哪些種類的抗凍劑？並且運用在哪些用途上？

4. 文章中提到，太空探測船觀察到歐羅巴具有微弱磁場，並推論磁場的來源是地下海洋中「含鹽分的液態水」所造成。想一想：為何觀察到磁場，能用來推論歐羅巴上存有液態水？可試著從「溶於水並可導電的化合物稱為電解質」來思考。

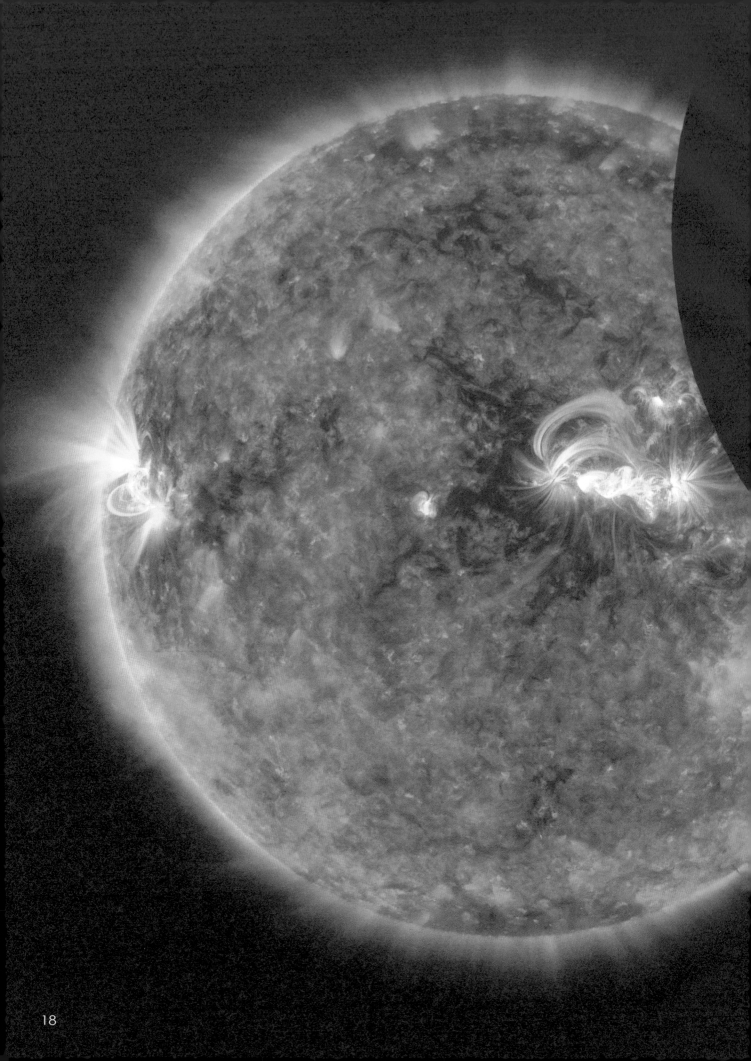

追行動

撰文／黃相輔

從過去被視為神祕的災禍，到今日成為觀光的商機，日食始終是人們關注的天文奇景，也象徵天文知識普及的成就。對於日食，你準備好加入古今中外的觀眾行列，迎接這股追日熱潮了嗎？

喜歡天文奇景的追星族們注意了——快放下望遠鏡，拿起濾光鏡片！這回我們不再當夜貓子數星星，而是在白天追逐太陽，感受黑暗籠罩白日的天文奇觀！

幾乎每一年，世界各地總是有某一處會發生日食，不論是全食、偏食或環食，都會吸引眾多天文迷前往觀賞，尤其日全食或日環食，因為機會難得，有人甚至會乘船出海追日，一睹神奇景觀，有些國家還藉此發展觀光。

以日食來吸引觀光客，聽起來很新潮，但其實早在一百多年前，歐美就已經有這類「旅行團」盛行了。除了一般大眾，科學家為了觀測日全食，會組成探險隊長途跋涉至海外。不過更早之前，在天文知識仍然不普及的時期，日食對許多人而言是災禍降臨的凶兆，驚慌逃難都來不及了，更別說是平心靜氣的觀賞。從「天降惡兆」到「觀光商機」，人類對日食的解讀正反映了知識累積及傳播的過程。

◎ 名留青史的日食

除了我們耳熟能詳的民間傳說「天狗食日」之外，世界各地文化也都有關於日食的神話：北歐的維京人認為有兩隻狼分別在追逐太陽及月亮，當牠們捕捉到日月時，便會形成日食或月食；越南人則認為吞食太陽的是隻大蟾蜍。有趣的是，各地習俗有一項共通點，人們都會敲鑼打鼓發出噪音，來驅趕吞噬太陽的怪獸。

古人常將各種天文異象連結至人世間的興衰變動，日食也不例外。古希臘歷史學家希羅多德便記載，當波斯帝國第二度入侵希臘時（也就是有名的溫泉關戰役及電影《300 壯士》的歷史背景），斯巴達發生了日食。《詩經‧小雅》裡的〈十月之交〉，也是以一次日食事件為開頭，用「日有食之，亦孔之醜」來控訴周幽王施政無道。這些史學及文學紀錄，反映了中外文明普遍將日食視為既有秩序巨變的徵兆。

許多古文明留有豐富的日食紀錄。中國史書上的日食紀錄至少可追溯至春秋時期，《春秋》便記載了 36 次日食，最早的一次在魯隱公三年（西元前 720 年）。同時期在兩河流域的巴比倫人，則從累積的紀錄中歸納出日食的發生規律，並且能夠預測下一次日食發生的時間，這便是「沙羅週期」

▲ 16 世紀留下的畫作，描繪天文學家正在研究日食現象。

的由來。在希臘，希羅多德也多次描述了日食事件，最戲劇性的一次發生在西元前 585 年：當時在小亞細亞有兩個王國正在交戰，戰場上的士兵看見突然發生日食，驚駭得立刻放下武器，兩國隨後便締結了和約。希羅多德也提及，古希臘哲學家泰利斯成功預測了這場日食，不過並未說明泰利斯是如何辦到的。

對歷史學家來說，日食紀錄有很重要的「定年」功用。藉由現代天文學對天體軌道運動的理解及觀測數據，我們不僅能計算太

▲世界上第一張日全食照片，攝於 1851 年 7 月 28 日，拍攝地點為當時普魯士的柯尼斯堡（今日俄羅斯的加里寧格勒）。

▶ 19 世紀的日食畫作。

▼後世藝術家曾描繪希羅多德筆下的日全食：當太陽被黑暗籠罩，戰場上的士兵嚇得目瞪口呆、停止戰鬥，非常劇劇化。

陽、月球、地球的位置，用來預測未來的日食，更能回推過去發生的日食，並與史料上的文字紀錄互相比對。這對於年代紀錄不清楚的古代史研究而言尤其珍貴，因為可用來推測重大事件的日期。例如，古代亞述文獻記載的一次日食，後世回推發生的日期為西元前 763 年 6 月 15 日，成為古代西亞史編年研究的重要依據。而〈十月之交〉詩裡描述的日食，發生於周幽王六年十月初一（西元前 776 年 9 月 6 日）。這些案例告訴我們，天文學、歷史學或考古學等不同學科跨領域的合作，可能激盪出令人意想不到的火花。

🎯 窺探太陽的好機會

隨著科學的進展，日食的神祕面紗逐漸褪去，愈來愈多人了解日食是自然現象，不再恐懼日食或視它為惡兆。18、19 世紀時，西方的天文學演講及書籍便常以日食為題材，宣揚自然科學及人類啟蒙的勝利。

在古代，雖然一般大眾常將日食與超自然現象連結，但天文學家很早就知道日食的成因。古希臘哲學家精通幾何學及天體運動，自然能夠理解日食與月球有關。西漢的劉向在《五經通義》指出「日蝕者，月往蔽之」，說明中國古人早在西漢時，便已知道月球遮蔽太陽造成了日食。古代的天文學家不僅嘗試預測日食，更趁日食發生期間觀測太陽。平時的太陽燦爛刺目，無法觀察許多細節，也因此日食——尤其是日全食——發生時，正是窺探太陽的好機會。

日冕及日珥便是平時看不見的兩種特徵。日冕是太陽最外層的大氣，溫度高達 100 萬度，只有在日全食發生時才能見到它飛舞

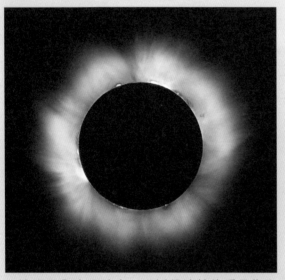

▲這張日全食照片中，可以很清楚的看見像白髮一樣的日冕，及太陽邊緣像火焰的日珥。

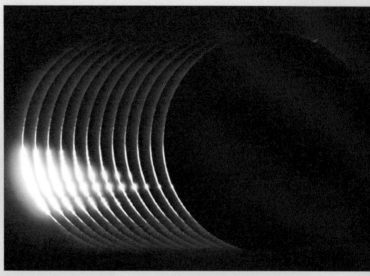

▲日食發生時，被遮蔽的黑影邊緣可見一顆顆不規則的亮點，好像用線串起的亮珠，稱做「倍里珠串」。這是月球表面不規則所造成的現象。

的白色光暈。日珥則是太陽大氣底層噴發的氣流，外觀像是紅色的火焰，常形成拱門或噴泉的形狀，向外伸展數千公里。日珥的溫度比較低，但也超過 1 萬度。日冕和日珥會受到太陽磁場影響，是太陽劇烈活動的最佳寫照。

19 世紀時，西方天文學界掀起了一股觀測日食的熱潮，這股風潮始於英國天文學家倍里（Francis Baily）的發現。1836 年，倍里在蘇格蘭觀測日環食，注意到被遮蔽的太陽盤面出現許多不規則的亮點，彷彿用線串起的大小珠子，這是由於月球表面地形凹凸不平所造成的效應。這個被後世稱為「倍里珠串」的現象激起了眾人興趣，當歐洲再次發生日食時（1842 年 7 月 8 日），許多天文學家湧入法國南部及北義大利，就是為了一睹「倍里珠串」的風采。

19 世紀在歐洲燃起的日食熱潮是巧合、也是機運，因為 19 世紀中葉，歐洲正巧發生了許多次觀測條件良好的日食，除了前面提到的兩次，還包括 1851 年及 1860 年的日食。除了天時地利之便，新發展的攝影技術及光譜學也被應用在天文觀測上，成為研究太陽物理及化學性質的利器。第一張日全食的照片即是於 1851 年拍攝。相較於過去的觀測者只能用手繪或文字來描述日食，用攝影記錄太陽的變化更準確客觀。光譜分析進一步幫助科學家了解太陽的化學成分，甚至發現新的元素。氦就是科學家在分析日珥的光譜時發現的元素，它的英文名 helium 來自「太陽」的希臘字根 helios，代表它是從太陽找到的元素。

◉ 加入追日行動

一百多年前的日食熱潮不限於科學家之間，一般大眾也趨之若鶩。報章雜誌上除了有日食報導，也教讀者如何觀測太陽。日食還帶來賺錢的商機，例如街頭小販會兜售用

日食怎麼來？

日食是因為月球正好移動到太陽和地球之間，把太陽漸漸遮住，在地球上的我們看來，太陽就像是被吃掉一樣產生缺口，甚至完全被黑暗吞沒。

月球繞地球的軌道並不是正圓形，而是橢圓形，因此月球和地球之間的距離其實是時遠時近，如果日食發生在月球較靠近地球時，我們會看見「日全食」；如果發生在月球離地球較遠時，太陽無法完全被遮住，就可能出現具有美麗光圈的「日環食」。

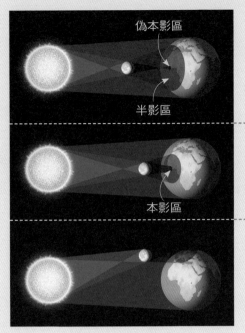

日環食：當月球離地球較遠，沒完全遮掩太陽，在偽本影區內可看見日環食。

日全食：當月球離地球較近，完全遮掩太陽，在月球本影區內可看見日全食。

日偏食：當月球、太陽及地球未成一直線，月球本影無法投射至地球上，只能看到日偏食。其實無論月球遠近，半影區內都只能看見被月球遮掩掉部分的太陽。

煙燻黑的玻璃片，好比現代的民眾以底片或太陽眼鏡等工具來看日食。

專家學者當然也不會放過這個科普教育的好機會。例如，1851 年的日食發生前三個月，英國皇家天文學家艾瑞（George B. Airy）應邀至皇家學會向大眾演講，主題便是三個月後的日食。艾瑞詳盡解說了日食的來龍去脈，以及和太陽相關的科學新知。他並引用一份美國的報紙，說明當時的日食新聞在大西洋另一端也有不少迴響，相信會吸引美國人來拜訪歐洲。興致勃勃的艾瑞最後表示，他已經準備好觀測日食的指南手冊，歡迎觀眾在演講後向他索取！

你是否也對日食感到好奇？下次日食發生時，你也可以像一百多年前的觀眾一樣，親身參與追日行動，體驗難得一見的天文奇觀！當你看到日食奇景，除了讚歎以外，不妨尋思古往今來人類對日食的奇思妙想及探索歷程。也許你會會心一笑──但不是笑古人傻，而是肯定人類對未知事物的好奇心及探索精神！ ㊣

觀賞日食守則：
肉眼絕對不可直視太陽！

若在沒有保護措施的情況下直視太陽，強烈的陽光會對眼睛造成永久傷害，甚至有失明的危險。因此，不論是哪一種日食，觀賞時一定要全程採用能有效減弱陽光的措施。最安全的方式是配戴日食觀賞專用眼鏡，各地天文館都有。也有人使用已曝光或沖洗過的全黑「黑白底片」做為替代品。太陽眼鏡、3D 眼鏡、彩色底片，或用煙燻黑的玻璃片，無法有效阻擋紫外線，並不安全！

無論使用哪種器具，都不要長時間持續看太陽，每次觀看不可超過 10 ～ 20 秒！

黃相輔　中央大學天文研究所碩士、倫敦大學學院科學史博士。最大的樂趣是親手翻閱比曾祖父年紀還老的手稿及書籍。

追日行動

國中地科教師　羅惠如

主題導覽

　　古今中外，當日食發生時總會引人注目，古代對天文不了解，常以神話記錄這樣的天文現象；而今，我們已知日食的發生是因為太陽、月球、地球三個天體恰巧連成一線，被月球擋住的太陽，在地球人眼中便有某部分或全部樣貌受到遮掩。

　　燃燒的太陽散發強大的光與熱，直視會使得眼睛受到極大損傷，若想一窺太陽大氣的狀況，最好的時機點就是日食。太陽提供地球的最大熱源，影響了整個地球的氣候型態，若對太陽有更多認識，將更能了解太陽對地球的影響。

　　閱讀完本文後，可利用「挑戰閱讀王」檢視自己對文章的理解程度；「延伸知識」中介紹了日食過程及日地月相對運動，將有助你更了解本文。

關鍵字短文

　　〈追日行動〉文章中提到許多重要的字詞，試著列出幾個你認為最重要的關鍵字，並以一小段文字，將這些關鍵字全部串連起來。例如：

關鍵字：1. 日食　2. 沙羅週期　3. 日冕　4. 日珥

短文：日食是在太陽、月球、地球幾乎連成一直線時，因月球遮蔽太陽而發生。相同的食相大約以 18 年 11 天左右為週期重複出現，此為「沙羅週期」。當日食發生時，我們能觀測到日冕、日珥等現象，藉此了解太陽的組成。透過觀測日食，可更了解天體運行對地球的影響，進行觀測之前必須先了解日食發生的原理，掌握時間，並透過適當的工具，才能成為優秀的追日行動者。

關鍵字：1.＿＿＿＿＿　2.＿＿＿＿＿　3.＿＿＿＿＿　4.＿＿＿＿＿　5.＿＿＿＿＿

短文：＿＿＿＿＿＿＿＿＿＿＿＿＿＿＿＿＿＿＿＿＿＿＿＿＿＿＿＿＿＿＿＿＿＿＿＿＿

＿＿

＿＿

挑戰閱讀王

閱讀完〈追日行動〉後，請你一起來挑戰以下題組。

答對就能得到👍，奪得 10 個以上，閱讀王就是你！加油！

☆眼睛要能看見物體，首要條件是物體會發光或能反射光線。光在真空或相同且均
　勻的介質中，會遵守直線前進的規則，此為光的直進性。我們能看見日食，也是
　因為光的直進現象所致。請從這個角度思考，試著回答下列問題：

（　）1.請問下列選項中，哪些也能歸類為光的直進現象？（多選題，答對可得到
　　　　2 個👍哦！）
　　　　①立竿見影　②月食　③眼睛沿著桌緣看，檢查是否對齊
　　　　④從鏡子中看見左右顛倒的影像

（　）2.日食發生時，能透過灑落在樹下的光影間接觀賞日食。請問發生「日偏食」
　　　　的當下，樹下的光影可能為下列哪一種影像？（答對可得到 1 個👍哦！）
　　　　①◉　②☽　③◯　④⬤　⑤不規則

（　）3.當光進入眼睛，並不會立刻形成影像，而必須透過神經系統將影像傳到中
　　　　樞神經才能產生視覺，請問觀賞日食時，神經傳導路徑為下列何者？（答
　　　　對可得到 1 個👍哦！）
　　　　①光→眼睛受器→大腦視覺區
　　　　②光→眼睛受器→感覺神經元→腦幹→大腦視覺區
　　　　③光→眼睛受器→感覺神經元→脊髓→大腦視覺區
　　　　④光→眼睛受器→感覺神經元→大腦視覺區

☆日食發生在太陽、月球、地球三者幾乎形成一直線時，請思考這三個天體的相對
　運動，試著回答下列問題：

（　）4.發生日食，也就是自地球往太陽看，發現太陽有部分或全部被月球擋住。
　　　　下列選項何者為三個天體的相對位置？（答對可得到 1 個👍哦！）
　　　　①日 - 地 - 月　②月 - 地 - 日　③月 - 日 - 地　④日 - 月 - 地

（　）5.日食牽涉到日地月三者的運行，因此可對應到固定的農曆日期及月相，試

問日食當天約是農曆幾號？（答對可得到 1 個👍哦！）

①農曆初一　②農曆初七　③農曆十五　④農曆二十二

（　　）6.每個月會有兩個時間點，使日地月三者略呈一線，但日食、月食卻不是每
個月都發生，主要原因為下列何者？（答對可得到 1 個👍哦！）

①需要配合當天的天氣型態　②地球及月球的公轉軌道並未平行

③發生食的時間，剛好不是落在同一個地區，因此無法觀測

④會受光害的影響而無法觀察

（　　）7.日食可分為環食、全食、偏食，與觀測位置及月球距地球的遠近有關。如
果想看日環食，需具備哪些條件？（多選題，答對可得到 2 個👍哦！）

①月球距離地球較遠　②月球距離地球較近

③所處位置為本影區　④所處位置為偽本影區　⑤所處位置為半影區

（　　）8.日食在古代常被視為不祥的象徵，這或許與當時天候有關。如果觀察日食
當天的潮汐，應可發現哪些現象？（多選題，答對可得到 1 個👍哦！）

①適逢大潮，如果遇到颱風，河岸海岸恐怕有災情

②整天都會是漲潮，如果遇到颱風，河岸海岸恐怕有災情

③維持一天兩次漲潮、兩次退潮的週期

④滿潮線可能比其他天來得更高

☆想追日，除了要掌握日地月相對運動週期，裝備上也要準備周延。觀賞日食除了
驚奇於天文現象，更可獲得有關太陽的資訊。請想一想並回答下列問題：

（　　）9.觀賞日食時，除了觀賞過程，以下哪些現象也能透過肉眼或望遠鏡觀賞？

（多選題，答對可得到 1 個👍哦！）

①貝里珠串　②日冕　③日珥　④太陽光譜

（　　）10.下列何者是形成貝里珠串的原因？（答對可得到 1 個👍哦！）

①太陽由氣體組成，表面凹凸不平

②月球表面凹凸不平，日食過程中，這些不規則處會透光

③地球地表有高低起伏，光從凹陷處穿過

④主要由太陽的日珥噴發所產生

延伸知識

1. **日食過程**：日食從開始到結束，可分為初虧、食既、食甚、生光、復圓五個階段。若剛好位於全食帶、本影掃過時間最長的地點，可觀測到日全食長達六分多鐘。貝里珠串為生光階段剛開始時能觀察到的現象。

2. **日地月相對運動**：太陽系形成自一個扁平的星雲盤，因此太陽系中天體的公轉軌道幾乎都在同一個平面，但地球公轉軌道與月球公轉軌道之間有五度左右的夾角，每逢朔（地－月－日）或望（月－地－日），月球相對於地球公轉軌道會略高或略低，不一定會遮蔽陽光而產生日食或月食。即使滿足了日月食的形成條件，想順利觀賞到日全食，與地球－月球、地球－太陽的距離有關，從地球看時，距離條件必須使月的大小至少幾乎與太陽一樣，才能形成日全食。然而，月球和地球之間的距離正逐漸拉開，或許在多年後，日全食將成為難以觀賞到的天文景象。

延伸思考

1. 每種元素在加溫到一定溫度時會發出光線，而且是固定的光。過去觀測太陽時，曾透過光譜分析找到一種新元素，科學家研究後，把這種元素命名為「氦」。請查找圖書館及網路相關資料，了解這一段科學史過程。

2. 上網搜尋日食過程的影片及圖片，思考以下問題：

   ①食的發生有固定的方向嗎？若以方位的變化思考，會是由東往西或由西往東開始發生？

   ②日食發生時，會因為所在位置不同而觀賞到不同的樣貌，但是否會因所在地為北半球或南半球，而影響食進行的方向？

   ③以上兩題的答案與日地月相對運動的方向有關嗎？為什麼？

3. 觀測日食，能對太陽大氣活動有更多了解。請查詢太陽黑子活動的週期，這些週期如何影響地球，是否會帶來干擾通訊的太陽風？請了解地球最近一次受影響的時間是何時，又有哪些設備受到影響。

4. 請上網或到圖書館尋找資料，進一步了解「沙羅週期」。這個週期約 18 年 11 天，是利用哪些數據資料求出？週期長度是固定的或有一定的範圍呢？

驚天動地的告別
超新星爆炸！

**超新星在宇宙中留下的絢爛遺跡，
為恆星的生與死畫下美麗的印記。**

撰文／邱淑慧

西元 186 年，中國正值東漢時期，負責觀測天象的天官在夜空中發現一顆突然出現的亮星，因為之前沒看過，像是臨時來訪的客人，於是把這樣突然出現的星星稱為「客星」。《後漢書・天文志》中這麼記載：「中平二年十月癸亥，客星出南門中，大如半筵，五色喜怒，稍小，至後年六月消。」這顆星星的光暈在天空中看起來只比月亮小一點，閃耀了八個月後才逐漸黯淡。

直到 1977 年，英國天文學家才確認這應該是最早的超新星觀測紀錄。對於天空中突然出現的閃亮星點，最初人們以為是有新的星星誕生了，於是命名為「新星」或「超新星」，但後來才知道事實正好相反，它們其實是恆星死亡前的絢爛謝幕！

▶蟹狀星雲，為宋朝天文學家在西元 1054 年觀察到的天關客星（即超新星 SN1054）留下的遺骸。

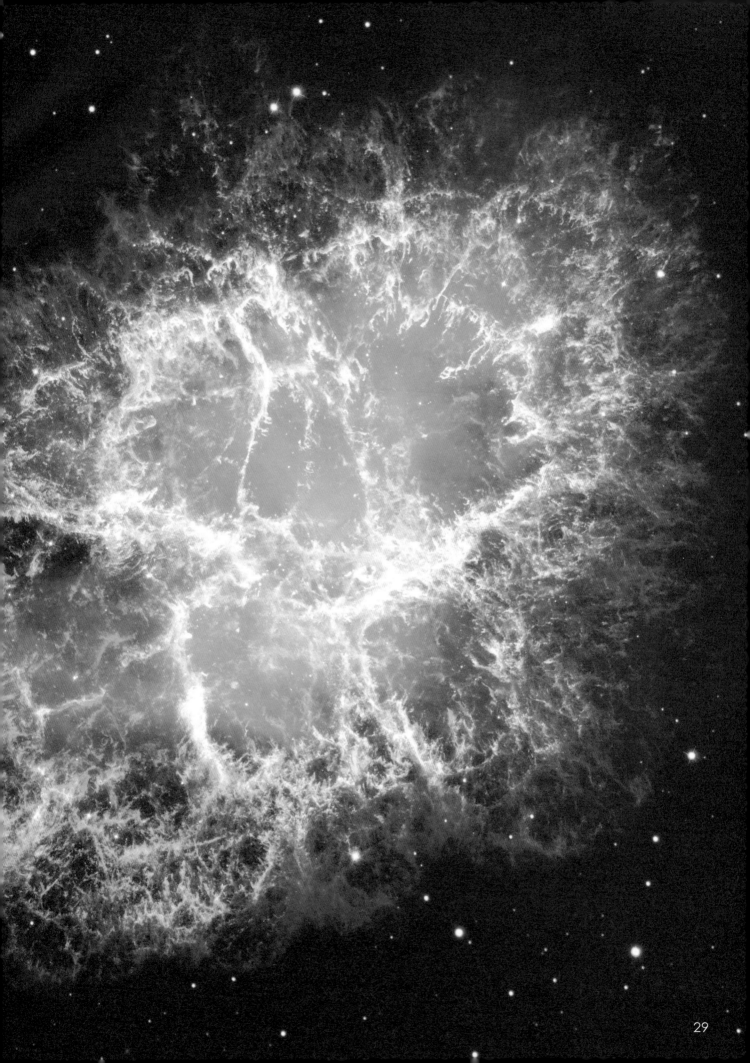

✦ 為什麼會爆炸？

　　雖然在地球人眼中，超新星就像是宇宙中突然冒出的一顆閃亮星星，但其實它是宇宙中規模最大的爆炸事件，爆炸瞬間的發光強度可相當於 90 個太陽一生釋放出的所有能量總和。這麼巨大的能量從哪裡來？究竟發生了什麼事？

　　有一種情況是巨大恆星的死亡。質量比太陽大八倍以上的恆星，在晚年時，中心的核融合反應已經不足以抵抗向內收縮的巨大重力，於是造成恆星核心坍塌，使核心的溫度和壓力大幅上升，當中心密度高到無法繼續塌縮，重力的向內壓力會造成反彈，向外炸開，恆星外部的氣體層也因此向外擴張，形成超新星爆炸。

　　另一種情況發生在有兩顆恆星互繞的雙星系統，當其中一顆恆星演化為白矮星，另一顆演化為紅巨星，由於白矮星密度極高，會不斷將紅巨星外圍的氣體吸過來，於是質量持續增加，造成核心密度上升，當超過某個質量上限時，會促成失控的核反應而爆炸。

　　根據估計，在我們的銀河系裡，這樣的恆

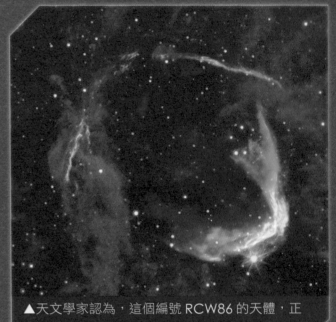

▲天文學家認為，這個編號 RCW86 的天體，正是西元 186 年觀測到的超新星爆炸後所形成。

星爆炸事件平均一百年約發生三次，但因常發生在銀河盤面上，受到銀河中心阻擋，所以在地球上不容易觀察到。但如果剛好發生在太陽這一側的銀河盤面上，亮度會非常耀眼，甚至在白天就可以看到，例如宋朝時發現的天關客星（SN1054），在《宋會要》中就描述道：「至和元年五月，晨出東方，守天關，晝見如太白，芒角四出，色赤白，凡見二十三日。」當時連續 23 天都可以在白天的天空中看到這顆超新星。

✦ 核崩塌型超新星

  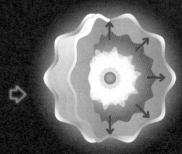

大質量恆星內部的核融合反應不足以抵抗重力，於是向內塌縮。

核心的溫度和壓力大幅上升，當中心密度高到無法繼續塌縮，重力的向內壓力會造成反彈。

反彈的力道使星體炸開，形成超新星爆炸，並成為中子星（若恆星質量很大，可能形成黑洞）。

2007 年 3 ～ 4 月　　　　　　　　　2011 年 8 ～ 11 月（圈起處為超新星）

▲超新星 SN2011fe 爆炸時瞬間釋放出巨大的能量，在星系裡顯得特別耀眼，從它出現前後的兩張照片中可明顯比對出來。

✧ 蘊含生機的死亡

　　超新星爆炸之後，拋出的物質會不斷向外膨脹，和周遭的星際雲氣碰撞，使得超新星的爆炸遺骸有著許多不同形態的樣貌。這個向外的衝擊波，也會擠壓周遭的星際雲氣，使雲氣聚集，誕生新的恆星。所以，雖然超新星是因為恆星死亡而出現，卻也促成了新的恆星誕生。

　　不僅如此，超新星的爆炸也將恆星內部核融合所產生的物質散布到宇宙中，使星際雲氣中具有比氫、氦重的元素（統稱為重元素），例如碳、氧等等。這些元素在宇宙剛誕生時並不存在，超新星爆炸使得後來誕生的恆星從一開始就具有重元素。讀到這裡，你是否發現——既然人體裡也有重元素，所以我們其實有一部分是來自超新星爆炸呢！

　　超新星爆炸不只留下美麗的遺跡，更在天文觀測上扮演著舉足輕重的角色。天文學家發現雙星系統造成的超新星爆炸——稱為 Ia 型超新星，發光強度有著一定的規律：它的

✧ 雙星系統型超新星

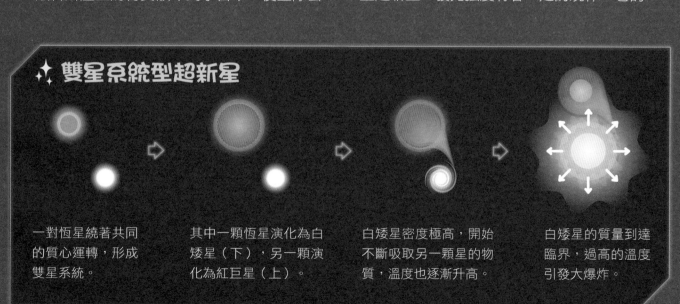

一對恆星繞著共同的質心運轉，形成雙星系統。

其中一顆恆星演化為白矮星（下），另一顆演化為紅巨星（上）。

白矮星密度極高，開始不斷吸取另一顆星的物質，溫度也逐漸升高。

白矮星的質量到達臨界，過高的溫度引發大爆炸。

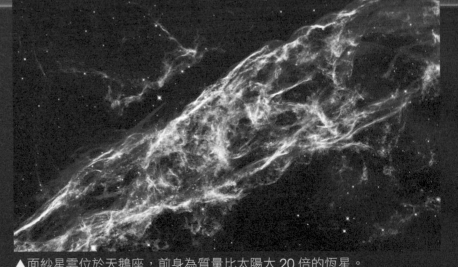

✦ 誰是最美 超新星？

現代技術進步，可觀測到更遙遠的天體，因此近年來發現了許多位於其他星系的超新星爆炸。它們的遺骸有著各種不同的美麗樣貌及姿態。

▲面紗星雲位於天鵝座，前身為質量比太陽大 20 倍的恆星。

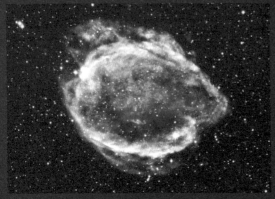

▲ G299 Ia 超新星殘骸。

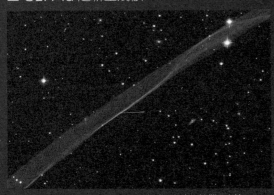

▲超新星 SN1006 留下的殘骸為彩帶形狀。

▲仙后座 A，目前銀河系內已知最年輕的超新星殘骸。

▲ LMCN49 為大麥哲倫星系中最明亮的超新星遺蹟。

✦ 超新星 的開頭都是 SN？

為什麼

超新星的命名以超新星英文 Supernova 縮寫 SN 為開頭，後面數字為發現的年份，如 SN186、SN1054……。但 1885 年之後發現的超新星，要再加上發現順序，第 1 ～ 26 顆依序標示 A ～ Z，如 SN1987A 為 1987 年發現的第一顆超新星，第 27 顆之後則以小寫 aa、ab……一直到 zz 來表示，如 2007 年發現了五百多顆超新星，編號就排到了 SN2007va！

最大發光強度，與之後 15 天內光度衰減的情形具有一定的關係，因此只要測得這 15 天內的光度狀況，就可推得它的最大光度，再與觀測到的亮度相比，可用來推測它的距離。這好比是只要你知道手電筒本來有多亮，就可根據你看到的明暗程度，來推算手電筒大概距離多遠。

Ia 型超新星的這種特性，可做為宇宙中的「標準燭光」，用來測量距離。天文學家藉由這樣的方法，測量出超新星所在的星系距離，再比對星系遠離我們的速度，計算宇宙的膨脹速度，結果發現宇宙不但在膨脹，而且膨脹的速度還愈來愈快！

✦ 尋找超新星

現在有許多巡天計畫，一遍一遍有規律的拍攝整片星空，如果同一個天區裡出現上一次拍攝時沒發現的天體，可能是超新星、小行星或變星，可藉由檢查其他性質來加以確認。臺灣參與國際合作的泛星計畫，正是進行這類工作，也有不少業餘天文學家或學生，利用個人望遠鏡或到天文臺觀測，拍到了超新星。例如中央大學天文所發現了 SN2003lz、SN2004cy、SN2004ee，北一女中學生在 2013 年拍到超新星 SN2013ej，臺灣業餘天文學家蔡元生在 2006 年發現超新星 SN2006ds 等。國內外有許多人都在搜尋著超新星。

更厲害的是，天文學家還可以預測超新星

的「重播」！天文學家曾在 2014 年 11 月觀測到一顆後來命名為雷夫索（Refsdal）的超新星爆炸，它距離地球約 100 億光年。由於雷夫索與地球之間有個星系團，使它爆炸的光芒在經過時，受到重力透鏡效應而偏折，不同的光走的路徑不同，抵達地球的時間也不同，因此天文學家預估會在 2016 年初觀察到它的另一個影像。果然，2015 年 12 月——比預估時間提早了一些，雷夫索的影像再度出現！天文學家因此有機會拍攝到超新星爆炸時的影像，並與爆炸前的樣子比對，對超新星的爆炸有更全面的了解。

超新星爆炸是巨大恆星的生命終曲，但它在夜空中的耀眼燦爛，也促成了新一代恆星的誕生，不僅如此，還幫助我們了解宇宙的結構與過往。今日，在廣大夜空中持續搜尋超新星的工作，還在密切進行中。🔬

超新星精采重播：受到重力透鏡效應的影響，超新星雷夫索爆炸的影像出現了兩次。左上方圓圈是它在 1995 年的位置，中間圓圈是預估中 2015 年底前後的位置。右下方圓圈則是造成重力透鏡的星系。

作者簡介

邱淑慧　中央大學天文研究所碩士，現任國立花蓮女中地球科學教師。

驚天動地的告別——超新星爆炸！

國中地科教師　姜紹平

主題導覽

　　人類早在數百年前，已經對超新星進行觀察與紀錄。這樣明亮的星體雖然名為超「新」星，其實卻是恆星在生命週期的最末階段，因為無法繼續承受向內塌縮的壓力，而向外爆發的現象。但超新星爆發後，會將許多物質向外擴散到宇宙之中，形成美麗的星雲，而這些星雲將是回歸形成新恆星的起點。

　　〈驚天動地的告別——超新星爆炸！〉帶你了解超新星如何形成，以及它們能為宇宙帶來什麼樣的新物質。閱讀完文章後，可以透過「挑戰閱讀王」來加強對文章的理解程度；「延伸知識」與「延伸思考」補充更多關於恆星的生命週期、不同星雲與宇宙的相關知識，讓你對超新星有更進一步的認識！

關鍵字短文

　　〈驚天動地的告別——超新星爆炸！〉文章中提到許多重要的字詞，試著列出幾個你認為最重要的關鍵字，並以一小段文字，將這些關鍵字全部串連起來。例如：

關鍵字：1. 超新星　2. 核融合　3. 星雲　4. 恆星

短文：當恆星到了生命週期的晚年，會因為核融合的原料用盡，無法支撐向內塌縮的力量，而向外爆發擴散，也就成為我們看見的超新星。超新星的出現雖然意味著恆星的生命週期到達盡頭，但爆炸後留下的星雲與其他物質，卻是誕生下一顆恆星的關鍵，也使得科學家有機會藉以觀察到恆星的終結與開端。

關鍵字：1.＿＿＿＿　2.＿＿＿＿　3.＿＿＿＿　4.＿＿＿＿　5.＿＿＿＿

短文：＿＿＿＿＿＿＿＿＿＿＿＿＿＿＿＿＿＿＿＿＿＿＿＿＿＿＿＿＿＿＿＿＿＿

＿＿＿＿＿＿＿＿＿＿＿＿＿＿＿＿＿＿＿＿＿＿＿＿＿＿＿＿＿＿＿＿＿＿＿＿

＿＿＿＿＿＿＿＿＿＿＿＿＿＿＿＿＿＿＿＿＿＿＿＿＿＿＿＿＿＿＿＿＿＿＿＿

挑戰閱讀王

閱讀完〈驚天動地的告別——超新星爆炸！〉後，請你一起來挑戰以下題組。

答對就能得到👍，奪得 10 個以上，閱讀王就是你！加油！

☆請試著回答關於超新星的基本問題：

（　　）1.請問超新星是在恆星生命週期中的哪個階段出現的現象？（答對可得到 1

　　　　　個👍哦！）

　　　　　①恆星誕生時　②恆星穩定發展時　③恆星的末期

（　　）2.請問超新星的誕生，是因為恆星無法再進行哪一種反應？（答對可得到 1

　　　　　個👍哦！）

　　　　　①核分裂反應　②核融合反應　③光電效應

（　　）3.請問超新星逐漸黯淡後，會留下什麼樣的天體？（答對可得到 1 個👍哦！）

　　　　　①黑洞　②星雲　③小行星

☆有關超新星的形成過程，請試著回答下列問題：

（　　）4.超新星是因為恆星塌縮而後反彈造成的星體爆炸現象，之後可能形成哪些

　　　　　天體？（多選題，答對可得到 2 個👍哦！）

　　　　　①黑洞　②白矮星　③中子星　④彗星

（　　）5.造成超新星爆炸，並將物質向外拋散的主要力量，應為下列何者？（答對

　　　　　可得到 2 個👍哦！）

　　　　　①星球內部的火焰點燃了會爆炸的氣體

　　　　　②向內塌縮的物質與溫度到達臨界點，因而向外反彈爆炸

　　　　　③受到其他星球的撞擊而爆炸

☆請試著回答下列關於觀測超新星的問題：

（　　）6.透過反覆觀察同一區域的星空，會有機會發現超新星，請問原因為何？（答

　　　　　對可得到 2 個👍哦！）

　　　　　①因為超新星很暗，需要反覆仔細觀察

②因為超新星爆炸時會產生很亮很明顯的光芒

③因為超新星會移動，需要反覆確認它的位置

（　）7.透過超新星的光芒減弱程度，可計算出超新星與地球距離，請問兩者間有
什麼關係？（多選題，答對可得到 2 個 👍 哦！）

①超新星光芒的強度有一定規律

②不同亮度的光有著不同速度，因此可以計算出距離

③宇宙正在縮小，超新星離我們愈來愈近，可透過光的強度判斷超新星靠
近我們的程度

④宇宙正在膨脹，超新星逐漸遠離，可透過光減弱的程度來計算超新星遠
離我們的速度

延伸知識

1. **白矮星與中子星**：在恆星的生命末期，因為沒有足夠的燃料可持續進行核融合反
應，以產生足夠的熱能抵抗重力，因此所有物質會逐漸向恆星的核心塌縮。小質
量恆星（一般小於太陽的八倍）會塌縮成白矮星，白矮星不再進行核融合反應，
只會將剩下的能量以光的形式散發出去。大質量恆星（一般大於太陽的八倍）塌
縮後會發生超新星爆炸，並形成中子星，若質量很大，最終可能成為黑洞。

2. **星雲**：除了因超新星的爆炸而產生之外，宇宙中還有其他各式各樣美麗的星雲。
例如質量如太陽般的恆星，到了生命末期會形成紅巨星，並將氣體以電漿的方式
逐漸拋散至宇宙之中，形成星雲。星雲與恆星的誕生有關，當星雲中的氣體、塵
埃等物質集中一定質量後，會因重力的吸引而開始旋轉，而後展開核融合反應，
新的恆星也就誕生了。

3. **重力透鏡效應**：當天體發出的光經過強大的重力場，會像通過透鏡一樣出現彎曲
的現象，而彎曲的程度則視重力的強弱而定。藉由這種現象，科學家可觀察那些
不發光、卻有著極大重力的天體，其中最有名的就是黑洞。由於黑洞的質量極大，
形成的重力場也非常大，因此當光線從恆星發射到地球的途中，若經過黑洞周圍，
便可能出現重力透鏡效應，我們也就能夠藉由觀察到的光線，來判斷是否有黑洞
存在。

延伸思考

1. 雖說超新星是許多恆星生命的盡頭，但並非每一顆恆星到最後都會爆炸成為超新星。請查查看，恆星的哪些特質會使它們有著不同的生命週期？而那些未爆炸成超新星的恆星，又會形成什麼呢？

2. 除了文章中提到的星雲，宇宙中還有許多美麗奇幻的星雲存在。請查查看，宇宙中還有哪些漂亮的星雲？它們又是如何形成的？

3. 天文學家觀察天體時，其實常看到重力透鏡效應，其中最著名的例子就是「愛因斯坦十字」。請查查看，這是怎麼樣的天體？又是因為什麼原因，使同一顆星星形成四個不同光點？

洞察號在火星上
偵測火星震的示意圖

外星地牛也翻身

對於臺灣的民眾而言，
地震是再熟悉不過的自然現象了。
然而，地球雖是人類唯一的家，
卻不是太陽系中獨一無二的行星。
你可曾想過，在其他星球上也有類似地震的現象嗎？

撰文／黃相輔

臺灣位於環太平洋地震帶上，經常出現地震活動，民間也以「地牛翻身」的傳說來解釋地震的成因。害怕地震的讀者，或許會夢想搬到沒有地震的地方居住。但你可曾想過：假如未來人類搬到外星球，星際拓荒者需不需要擔心外星球上的「地震」呢？

在地球之外的行星或衛星，包括火星、金星等，也有類似地震的活動。科學家調查得最詳盡的地外天體震動是「月震」，也就是在月球表面發生的震動。早在 1969 年阿波羅登月計畫時，太空人便在月表設立儀器，用來長期記錄月震活動。

地外天體震動的成因和地震並不完全相同，也呈現出與地震迥然不同的風貌。不過，在我們尋找其他翻身的「外星牛」之前，先讓我們摸熟腳下這頭「地牛」的習性，再與它的外星親戚互相比較。

板塊與地震

我們腳下的地球是顆活力充沛的行星，透過地震呈現了活潑好動的一面。說到地震的原因，必須從地球的構造談起。地球的表層稱為岩石圈，包括了地殼及上部地函，是地球最外側薄而堅硬的部分，好比雞蛋的蛋殼一般。不過和蛋殼不同的是，岩石圈並非一整塊，而是由許多可活動的板塊拼起來的。這些板塊會移動、互相推擠，使得板塊邊緣交界處的地質活動特別旺盛，火山、山峰或海溝常常出現在這裡。

臺灣正好位於歐亞大陸板塊及菲律賓海板塊的交界，這兩個板塊的碰撞推擠，造就了山脈高聳的臺灣島。若將尺度放大，更會發現整個太平洋邊緣，包括菲律賓、琉球、日本、阿留申群島及美洲大陸西岸，都是地震及火山活躍的區域。這圈「火環」就是環太平洋地震帶，是太平洋板塊與周圍板塊互相作用的產物，全世界有 75% 的火山及 90% 的地震都發生在這個區域。

在板塊邊緣互相拉扯擠壓的力量下，看似堅實的岩層會扭曲變形，甚至錯動斷裂，便產生了斷層。有些斷層是靜止的，有些斷層仍在板塊力量的拉扯推擠下持續活動。當這些力量累積到一定程度，岩層承受不了而斷裂，就產生了地震。大多數地震都是因為板塊運動而產生的「構造地震」。

遠離板塊交界的板塊內部雖然較少斷層，但仍有發生地震的可能，只是較不頻繁。例如 2008 年發生在中國四川省的汶川大地震，就屬於較罕見的「板塊內地震」。科學家對於板塊內地震的認識較少，目前還不太清楚它們的機制。

除了構造地震外，火山爆發、隕石撞擊等其他自然因素也能造成地震，雖然發生次數較少。有些人為活動，例如地下核子試爆、礦坑採礦、水庫蓄水等，也會直接造成或間接誘發地震。

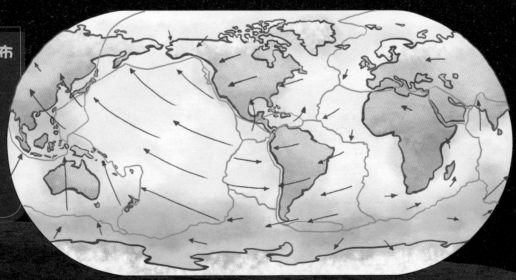

全世界的板塊分布

這些板塊並非靜止不動，而是會互相拉扯、推擠（箭頭代表板塊移動方向），活躍的板塊運動是地震發生的主因。

▶阿波羅 11 號的太空人艾德林在月球上設置月震儀。

綿綿無絕期的月震

複習了地球上地震的成因，現在把目光移往外太空，第一站就是離地球最近的月球。

科學家對月震的認識，主要來自美國航太總署（NASA）的阿波羅登月任務。自1969 年人類首度登陸月球起，除了登月失敗的阿波羅 13 號任務之外，每次太空人都在各自的登月地點安裝了實驗儀器。月震儀就是其中之一，它的原理跟地震儀相同，能記錄水平及垂直方向的震動大小。1972 年阿波羅登月計畫結束之後，有些留在月球表面的月震儀仍持續運作，並且不斷回傳觀測資料，直到 1977 年才因為研究經費短缺而關閉。過了十幾年後，科學家曾經想要重新啟動這些月震儀，可惜電池電力已耗盡而無法成功。

在 1972 ～ 1977 年的這六年間，月震儀記錄了多達 28 次的淺層月震，震源約在月球表面以下 20 ～ 30 公里深處。其中幾次月震的大小，甚至達到芮氏規模 5.5 以上，已經是中等地震的程度，足以造成家具移動或房屋損壞。至於是什麼原因造成這些淺層月震，科學家目前並沒有肯定的解答。由於月球沒有板塊構造運動，因此淺層月震不太可能源自板塊邊界的擠壓。有些科學家認為，也許淺層月震的機制類似地球上的板塊內地震。

除了淺層月震之外，月震儀在那六年間還記錄了上萬次其他類型的月震。有一種深度700 公里以上的深層月震，每隔大約 27 天就會發生一次，與月球的公轉週期不謀而合，因此科學家認為深層月震是地球的引力所造成，就好比月球引力會使地球的海洋有定期漲落的潮汐現象。

另外，外太空隕石撞擊月球表面、日夜溫差造成的熱脹冷縮，也會引起月震。但無論是隕石撞擊、日夜溫差或深層地震，強度都較小，程度遠遠不如淺層月震。

假如能夠飛到月球上體驗月震，你會發現月震和地震的感受相當不同。地球上無論發生多強烈的地震，很少持續超過幾分鐘。這是因為地殼裡——無論是岩石或土壤裡，都含有大量的水，就像富有彈性可壓縮的「泡綿」，能有效減緩振動，使地震的能量迅速消散。相較之下，月球極度乾燥，好比一塊硬梆梆的「音叉」（或是一口大鐘）；當音叉被敲打時，會持續振動好長一陣子才慢慢靜止。同樣道理，無論多輕微的月震，都會「餘波盪漾」很長的時間，甚至持續好幾個小時才休止。雖然月震發生的頻率和強度比不上地震，但此「震」綿綿無絕期的特性，

恐怕會使害怕地震的人，對移居月球的想法打退堂鼓。

「地牛」出沒太陽系

除了地球與月球的地震研究，另一個飽受注目的研究對象是火星。NASA 近年來發射了許多太空船及登陸艇，探索火星這顆神祕的紅色行星。2006 年進入火星軌道的火星勘查軌道號（Mars Reconnaissance Orbiter）曾經拍攝到一張照片，上面有石礫沿著山坡滾動造成的滑行痕跡。這些石礫的大小介於 2 ～ 20 公尺之間，如此龐大的體積，必然需要夠大的外力才能移動。這些滑行的石礫分布在方圓約 100 公里內的範圍，數量由中心向外遞減。種種跡象顯示，這是一場撼動火星表面的「火星震」，造成「震央」周圍的石礫移動。

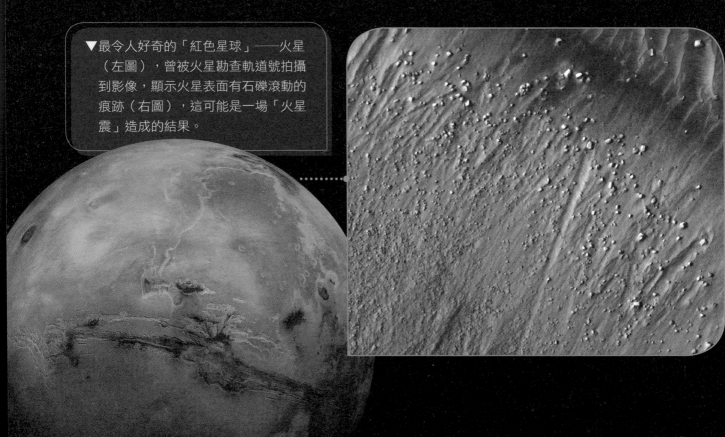

▼最令人好奇的「紅色星球」——火星（左圖），曾被火星勘查軌道號拍攝到影像，顯示火星表面有石礫滾動的痕跡（右圖），這可能是一場「火星震」造成的結果。

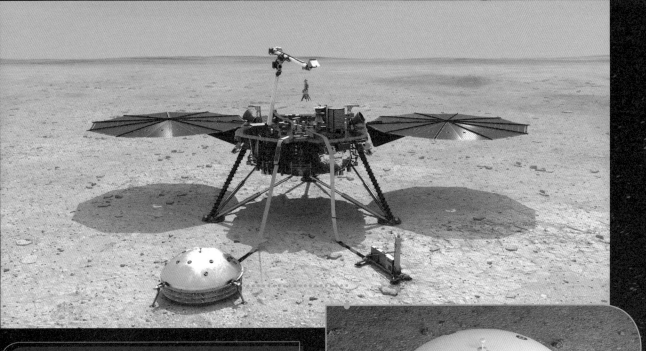

▲美國航太總署的洞察號，於 2018 年 5 月 5 日
發射，11 月 26 日抵達火星，主要任務為研究
火星內部。除了帶有可深入地表的探測儀，同
時布署了可偵測火星震的地震儀器 SEIS。

▶右圖顯示 SEIS 的剖面構造，這個儀器靈敏度
極高，於 2019 年 4 月首度偵測到火星震，後
續又記錄到超過 1300 次各式各樣的火星震，
其中最大的一次為地震規模 5。但由於電力出
現問題，洞察號已於 2022 年底結束任務。

　　2018 年發射的洞察號（InSight）帶著靈
敏的「火星內部結構地震實驗儀」（SEIS）
登陸火星，打開火星震研究的新篇章。果
然，洞察號不久後就偵測並紀錄到火星震，
首度發表於隔年 4 月，2022 年更偵測到一
場地震規模 5 的大型火星震！

　　其實自從 1970 年代的 NASA 火星探測
任務開始，科學家已經發現火星上有許多地
質特徵都跟地球很類似，例如火星上也有休
眠火山、斷層，以及類似板塊邊界的痕跡，
這些都是火星曾經有板塊運動及火山活動的
證據。即使現在還無法確定火星的板塊及火
山活動是否早已停止，但毫無疑問的是，

「火星震」過去曾在火星大地上活躍，現在
也還不時發生。

　　有地球、月球及火星的例子，以常理推
斷，其他行星或衛星會發生地震的機率還不
小。那些曾經或至今仍有火山活動的星球，
例如金星以及木衛一，都可能是「地牛」出
沒的地點，有待未來的科學家把這些外星地
牛一一抓出來研究一番！　　　　　　科

作者簡介

黃相輔　中央大學天文研究所碩士、倫敦大學學
院科學史博士。最大的樂趣是親手翻閱比曾祖父
年紀還老的手稿及書籍。

外星地牛也翻身

國中地科教師　姜紹平

主題導覽

臺灣位處於環太平洋地震帶，時常會發生地震。除了研究地球上的地震，科學家也很好奇，其他類似地球的星球上，例如月球、火星等，是否也會發生地震。因此，科學家在月球上安裝了地震儀，藉此觀測「月震」的現象，結果發現月震不但強度偏強，發生頻率也很高。另外，科學家也透過觀察火星地表的地貌，推斷火星也有「火星震」的現象。

〈外星地牛也翻身〉講解了地震與月震、火星震的發現與研究，並比較地球與月球地震的相似之處。閱讀完本文後，可以透過「挑戰閱讀王」檢視自己對文章的理解程度；「延伸知識」中介紹了更多有關地震與月震的資訊，讓你能夠進一步理解這些神祕現象！

關鍵字短文

〈外星地牛也翻身〉文章中提到許多重要的字詞，試著列出幾個你認為最重要的關鍵字，並以一小段文字，將這些關鍵字全部串連起來。例如：

關鍵字：1. 月震　2. 構造地震　3. 板塊　4. 地震儀　5. 環太平洋地震帶

短文：地球表面由許多板塊所構成，而這些板塊受到地球內部的熱量流動，產生碰撞推擠，因而造成地表發生許多構造地震。在太平洋海板塊的周圍，更是地球大多數的地震與火山活動發生的位置。地球之外，太空中的其他星球如月球、火星等，其實也有類似地震的地質活動。科學家嘗試透過不同儀器觀測其他星球的地震，也許有助於進一步了解地表上地震的成因。

關鍵字：1.＿＿＿＿＿　2.＿＿＿＿＿　3.＿＿＿＿＿　4.＿＿＿＿＿　5.＿＿＿＿＿

短文：＿＿＿＿＿＿＿＿＿＿＿＿＿＿＿＿＿＿＿＿＿＿＿＿＿＿＿＿＿＿＿＿

＿＿＿＿＿＿＿＿＿＿＿＿＿＿＿＿＿＿＿＿＿＿＿＿＿＿＿＿＿＿＿＿＿＿＿

＿＿＿＿＿＿＿＿＿＿＿＿＿＿＿＿＿＿＿＿＿＿＿＿＿＿＿＿＿＿＿＿＿＿＿

挑戰閱讀王

閱讀完〈外星地牛也翻身〉後，請你一起來挑戰以下題組。

答對就能得到👍，奪得 10 個以上，閱讀王就是你！加油！

☆請試著回答關於地球上地震的基本問題：

（　　）1.請問臺灣島是由哪兩個板塊之間互相擠壓而形成，才使得地震頻繁？（多
選題，答對可得到 2 個👍哦！）

①太平洋海板塊

②歐亞大陸板塊

③菲律賓海板塊

④印澳板塊

（　　）2.請問構造地震的主要成因是什麼？（多選題，答對可得到 2 個👍哦！）

①岩層無法繼續承受板塊運動的壓力而形成斷層

②火山活動而造成

③板塊運動互相推擠

（　　）3.請問世界上的地震與火山活動，絕大多數集中在什麼區域？（答對可得到
1 個👍哦！）

①環大西洋沿岸　②環太平洋沿岸　③南極地區

☆請試著回答下列對於月震觀測與研究的問題：

（　　）4.下面哪些是月震的類型？（多選題，答對可得到 1 個👍哦！）

①淺層月震　②深層月震

③隕石撞擊月震　④月球熱脹冷縮引起的月震

（　　）5.請問為何發生月震的歷時，通常會比地震還要長上許多？（答對可得到 1
個👍哦！）

①月球比地球小，月震的時間因此較長

②月球缺乏水、土壤等鬆軟的物質，不易吸收能量

③月球表面沒有大氣層的保護

☆請試著回答下列有關星體震動的問題：

（　）6.請問科學家是透過觀察到下列的哪些現象，來判斷火星也有火星震？（多
選題，答對可得到 2 個 👍 哦！）

①火星表面的火山山峰

②火星表面巨大的礫石由一處中心向外滾動

③火星表面的斷層面

（　）7.科學家研究外太空其他星體的震動，能夠帶給我們哪些資訊呢？（多選題，
答對可得到 2 個 👍 哦！）

①可透過震動分析星體的構造

②可得知其他星體上是否有生命

③可得知地震是如何發生

④可透過分析月震來了解某些罕見地震的成因

延伸知識

1. **縮水的月球**：地球內部具有高溫的核心，而月球和地球截然不同，內部熱量很少。
持續冷卻中的月球，正逐漸向中心萎縮。在過去幾億年中，月球的直徑已減少約
50 公尺，縮小的過程使月球表面「起皺」，因此造成許多年輕的斷層，這也導致
月震頻繁發生。

2. **金星震**：麥哲倫號金星探測器，是美國航太總署於 1989 年發射的一枚人造衛星，
用來觀測金星地表。這顆人造衛星分別在 1990 年 11 月及 1991 年 7 月拍到兩張
照片，清楚顯示金星表面一處地勢險峻的高地，出現了大規模的滑坡，科學家普
遍相信這是金星震存在的證據，因此造成這個特殊地景。

3. **天體震動學**：研究星體的震動，是科學家探索不同星體內部構造的好方法。星體
震動會發生震波，就像聲波經過不同密度的介質會折射，震波通過星體內部不同
密度的物質時，也會出現不同的反射與折射現象。地球、金星、火星……等固體
行星有這種現象，與太陽一樣由燃燒的氣體構成的恆星，也有同樣的現象。恆星
的震波通常以光和電磁波的形式發射出去，科學家藉由觀測這些電磁波，了解恆
星的構造。

延伸思考

1.除了文章中提及的淺層月震與深層月震,還有其他不同的原因會造成其他類型的月震。請查查看,還有哪些不同種類的月震,又是什麼原因造成的?

2.文章中提到一種較為罕見的「板塊內地震」,這種地震並不發生在板塊交界處。請查查看,歷史上曾發生過哪些著名的「板塊內地震」?發生在哪些地區?又造成了怎麼樣的災害?

3.除了文章中與延伸知識中提到地球、月球、火星、金星有地震,請再查查看,太陽系中還有哪些行星具有地震現象?科學家是透過什麼方法觀察到的呢?

地球的御風術

別小看地球，它可是一名「御風術」高手，
在地球表面製造了各式各樣的氣流，
造就豐富的氣候現象，也深深影響人類的生活。

撰文／王嘉琪

古代商船在海上行駛時，順著風走便能省力許多，因此「風從哪裡來？」是最受關注的事。早在 14 世紀，歐洲各國的貿易商人及水手，已經知道某些海域的風，不管是風速還是風向都相當穩定，而且出現的時間很固定，因此稱為「信風」（很有信用的意思）。這種風對航行做生意很有幫助，所以也稱為「貿易風」。另外他們也注意到赤道和南、北緯 30 度附近的海域風力極弱，這兩個區域分別為「赤道無風帶」和「馬緯度無風帶」。但當時的人們並不了解為什麼有些海域有信風，有些沒有？對風的認識大多只來自水手間的經驗傳承。

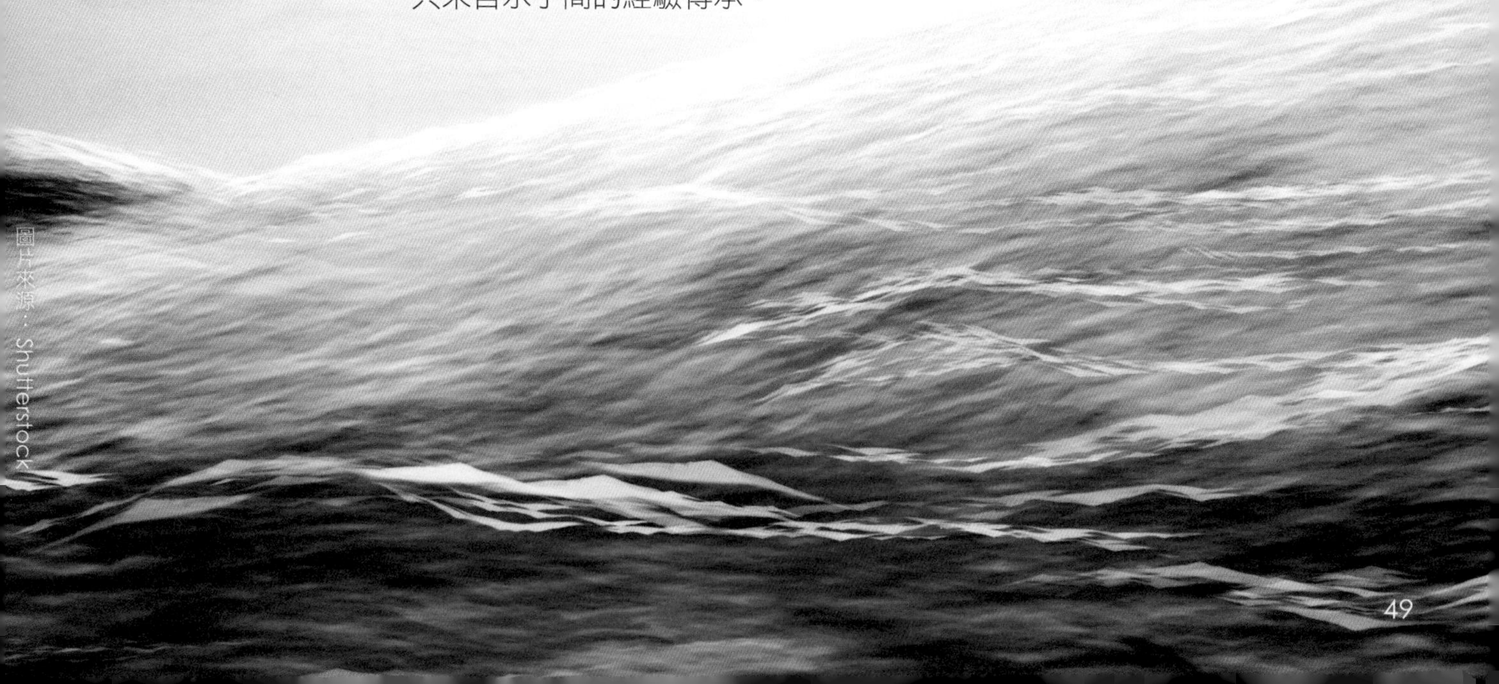

一直到 17 世紀中，科學家才開始利用各式各樣的實驗證明空氣具有重量，而空氣的重量會產生壓力。著名的氣象學家哈雷（Edmond Halley，他正是「哈雷慧星」名稱由來的天文學家）在 1686 年時提出一篇很重要的研究論文，認為大氣運動的能量是由太陽提供，由於赤道地區的地表空氣被太陽加熱後會上升，赤道南北兩側的空氣只好往赤道流動，以補充上升的空氣，這就是貿易風形成的機制。

不過，貿易風不管在北半球還是南半球，都會往西偏，而哈雷的理論只能解釋空氣為何由南北兩側往赤道流動。為什麼風會往西偏呢？哈雷認為太陽東升西落，會在海面上造成加熱不均勻，使得風向偏西，只可惜他的解釋並不正確。

一個、二個、三個胞？

到了 18 世紀初，英國有一位名叫哈德里（George Hadley）的律師提出另一套想法，認為地球自轉才是造成貿易風偏西的主要原因。哈德里在 1735 年發表了理論：太陽在赤道地區加熱空氣，赤道的空氣上升到高空後往南北兩極移動並漸漸變冷，然後下降回到地面，並往回流向赤道，這就是最原始的「單胞環流」理論。

哈德里同時提出，因為地球自轉的關係，往兩極走的風會偏東，往赤道走的風會偏西（當時還沒有科氏力的觀念）。可惜哈德里的理論一開始並未引起科學界的注意，直到 18 世紀後期，才陸續有科學家提出類似想法，並注意到哈德里是第一位發現者，因此用他的名字來稱呼這個巨大的環流。

怎麼證明空氣有氣壓？

證明氣壓存在最著名的實驗，是 17 世紀義大利數學家托里切利的水銀柱實驗。他將一支 130 公分長的管子裝滿水銀後，上下倒置放在裝有水銀的器皿中，結果發現水銀並不會全部流光，而會剩下 76 公分高的水銀柱，進而證明氣壓的存在。隨後，數學家帕斯卡將兩組相同的水銀柱裝置，分別放置在法國多姆山的山腳下及山頂上，結果在不同海拔高度，水銀柱的高度也不同，這是因為兩個地點所承受的空氣重量不同，代表海拔高度不同氣壓也不同。後人以帕斯卡的名字做為氣壓單位。

1735 年，哈德里提出單胞環流理論：空氣在赤道地區受熱上升到高空後，往南北兩極移動並漸漸變冷，並在兩極下降回地面，再往回流向赤道。

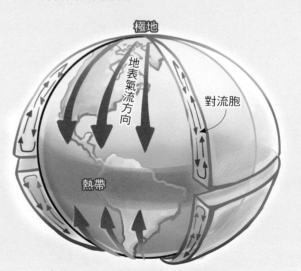

繪圖：張國瑞

哈德里的單胞環流理論其實不夠完整,但直到 19 世紀末才受到進一步修改。到了 1835 年,法國數學家科里奧利(Gustave Coriolis)提出科氏力,美國氣象學家弗雷爾(William Ferrel)很快把科氏力的觀念應用到氣象科學上,並在 1856 年將單胞環流修正成「三胞環流」,這也是目前最廣為接受的行星風系概念。

三胞環流理論中,最靠近赤道的環流被稱為「哈德里胞」,和原本的單胞環流一樣。哈德里胞在赤道附近上升,但空氣往兩極移動時,會受到科氏力的影響而逐漸偏東,並在緯度 30 度左右,整個轉為由西向東吹的風,無法再往兩極走;並且因為風速過大,讓氣流變得很不穩定,於是產生許多擾動,空氣也開始下沉到地面,形成了副熱帶高壓。隨後,一部分空氣回流到赤道附近,在往赤道移動的過程中,風向會偏西,這便是貿易風(信風)。

最靠近南北兩極的環流稱為「極胞」,和哈德里胞一樣,是因為南北溫度差異而驅動的熱力環流。夾在哈德里胞和極胞之間的環流則稱為「弗雷爾胞」,它就像是被夾住的齒輪一樣被動的跟著轉,因此流向與哈德里胞和極胞相反。許多耳熟能詳的天氣系統,例如溫帶氣旋、冷鋒、暖鋒等,都發生在弗雷爾胞的範圍內。

哈德里胞在赤道附近的上升氣流區,就是赤道無風帶,也稱為「間熱帶輻合區」;下沉氣流區則分別在南北半球的太平洋與大西洋上形成副熱帶高壓。因此,馬緯度無風帶(副熱帶高壓)、赤道無風帶(間熱帶輻合

1856 年,弗雷爾納入科氏力的影響,將哈德里的單胞環流修正為三胞環流理論。

 後續的科學家把海陸分布造成的溫度差異納入考慮,得到目前所知完整的地球行星風系。

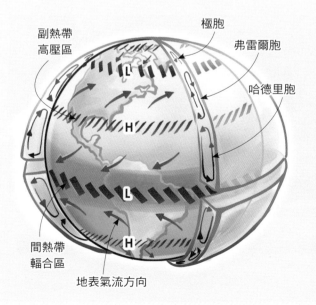

副熱帶高壓區
極胞
弗雷爾胞
哈德里胞
間熱帶輻合區
地表氣流方向

赤道低壓區

區）與信風（貿易風），都是哈德里胞的一部分。

如果再考慮海陸分布造成的溫度差異、地面的氣壓變化及風向，還會增加許多區域性的氣候特徵，例如：太平洋副熱帶高壓、冰島低壓、阿留申低壓等常見的半永久性氣壓系統。整個地球上的行星風系配置，大致上就是由三個環流及海陸分布所決定。

找找看「沃克環流」在哪裡？

沃克環流

▲位於赤道區、呈東西向的沃克環流。由於對流強度比哈德里胞弱了許多，因此直到 20 世紀初才被發現。

▶右圖是 8 月平均海平面溫度的示意圖，在赤道東太平洋（南美洲西側外海）上，有一塊尖尖的、往西邊延伸的較冷區域，形狀如同舌頭的側面，這就是「冷舌」（圖中圈起處）。

微弱的沃克環流

另外還有一個很重要的環流沒登場，那就是「沃克環流」。沃克環流的發現者正是沃克（Gilbert Walker），他是英國物理學家，在 20 世紀初前往印度的天文臺工作。沃克初抵印度的幾年，由於季風異常，當地發生非常嚴重的飢荒，引發他對氣象的興趣。於是他開始研究氣壓與溫度、降雨之間的關係，並引進統計方法分析長期的氣象資料，結果不但發現了沃克環流，還發現太平洋與印度洋之間的地面氣壓具有週期性的升降，一邊高，另一邊就低，彷彿蹺蹺板，這就是「南方振盪」。

沃克環流是個東西方向的環流，形成的原因與前面介紹的信風有關。由於南北半球的信風都偏西，當風吹到赤道地區後，除了一部分的空氣上升外，還有一部分的空氣在赤

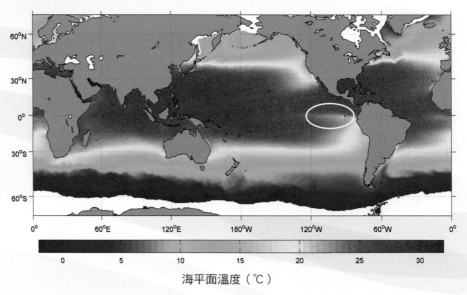

海平面溫度（℃）

繪圖：：張國瑞．：圖片來源：：NOAA

道匯集後往西繼續吹，形成微弱的赤道東風。東風會把表層海水推到大洋的西側，形成暖池；相對的在東側就會出現冷海水區域，因為形狀像個舌頭而稱為「冷舌」。

這個在大洋東西方向的溫差會驅使空氣流動，在西側的暖池區域上升，到了高層後往東流動，然後在東側的冷舌區下沉，再回到低層往西流動，形成一個循環。這個環流形成後，會加強地表的赤道東風，於是東西向的海水溫差逐漸加強，再加上空氣在暖池上升後，多半會因為水氣凝結釋放出熱量而加熱大氣，讓上升運動進一步加強，環流也就跟著慢慢加強，最後形成「沃克環流」。沃克環流和哈德里胞一樣也是熱力驅動的環流，但是強度相對弱了很多，所以一開始並未受到關注，直到沃克採用統計方法研究氣候資料後，才發現了這個環流。

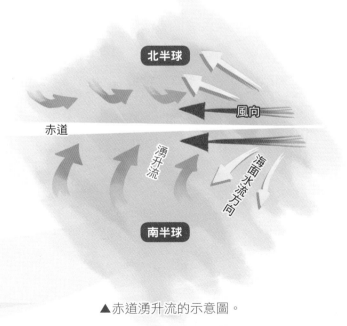

▲赤道湧升流的示意圖。

風與海的對話

行星風系會影響不同緯度地區的氣候特徵，哈德里胞的下沉氣流區由於萬里無雲、空氣乾燥，所以位在這個緯度的陸地多半會形成沙漠，像是撒哈拉沙漠、塔克拉瑪干沙漠、澳洲內陸的沙漠等等。但在海洋上，晴朗、日照強會使大量水氣由海面蒸發，進入大氣中，再被信風帶到赤道地區，所以赤道地區總是飽含水氣，潮濕多雨。

除了氣候，行星風系也會影響表層洋流的流動，例如：副熱帶高壓在北半球以順時針方向旋轉，驅動表層海水也跟著以順時針方向流動。除此之外，受到科氏力的影響，赤道上的東風還會使北半球的海水往風向的右邊偏移，在南半球則往左邊偏移，赤道上的表層海水往兩邊分開後，底下的海水因而湧上來補充，形成赤道湧升流，前面提到的冷舌就是這樣形成的。

在某些地方，風向與海岸方向配合得剛好，讓沿岸海底較冷的海水湧上來補充，這些湧升的海水充滿了養分，因此吸引許多魚群聚集，成為沿海國家重要的漁場，例如祕魯便是如此。

沃克環流與表層海水之間的關係密切，兩者之間的交互作用更與「聖嬰現象」息息相關，就留待之後再讓我們一起去探索！ 科

作者簡介------------------------------------

王嘉琪　文化大學大氣科學系教授，資深正妹，熱愛光著腳丫跑步與分享科學知識。

地球的「御風術」

國中地科教師　羅惠如

主題導覽

　　大氣層是由受到地球引力而附著在地表的氣體分子組成，氣體分子帶有重量，因此產生大氣壓力。風的形成是因為空氣水平流動，空氣會由高氣壓往低氣壓處流，又因地球轉動、地表摩擦力等因素，而使風向有所偏轉。自地表往上至大約 10 公里高的區域，稱為對流層，是各種常見的天氣現象發生的地方。水氣因上升、降溫而達到飽和，是造成天氣變化的主因。空氣的水平及垂直活動造成了大氣環流與天氣系統，而地球範圍如此廣大，自然不單由一個對流造成。整個大氣環流的組成樣貌為何？又如何表現？歷經多位科學家深入研究後才逐漸揭曉其中奧妙。

　　閱讀完本文後，你可利用「挑戰閱讀王」檢視自己對文章的理解程度；「延伸知識」中介紹了大氣層、大氣壓力與行星風系，可幫助你更了解本文內容。

關鍵字短文

　　〈地球的「御風術」〉文章中提到許多重要的字詞，試著列出幾個你認為最重要的關鍵字，並以一小段文字，將這些關鍵字全部串連起來。例如：

關鍵字： 1. 單胞環流　2. 三胞環流　3. 科氏力　4. 無風帶　5. 沃克環流

短文： 有關風的科學原理，歷經了哈雷、哈德里的單胞環流、弗雷爾的三胞環流等推論，逐漸架構起大氣環流的雛型，而沃克環流的發現，使大氣環流更為豐富。受到地球自轉的科氏力影響，環流的風向在某些緯度會偏東、某些會偏西，甚至有無風帶的存在。風的吹拂影響海流的流向，使海洋出現固定的洋流。無論是風或海，都為地表氣候帶來極大的影響，甚至影響生物的生存與分布。

關鍵字： 1.＿＿＿＿＿　2.＿＿＿＿＿　3.＿＿＿＿＿　4.＿＿＿＿＿　5.＿＿＿＿＿

短文： ＿＿＿＿＿＿＿＿＿＿＿＿＿＿＿＿＿＿＿＿＿＿＿＿＿＿＿＿＿＿＿＿＿＿＿＿＿

＿＿

挑戰閱讀王

閱讀完〈地球的「御風術」〉後，請你一起來挑戰以下題組。

答對就能得到👍，奪得 10 個以上，閱讀王就是你！加油！

☆地球表面覆蓋了一層空氣，與生命的生存息息相關。請就我們現今對這層大氣的
了解，試著回答下列問題：

（　）1.自地表往上至高空，有空氣存在的範圍稱為氣圈，也是我們熟悉的大氣層。
文章中所討論的風，無論是單胞環流或三胞環流，主要是討論大氣層中哪
一層發生的現象？（答對可得到 1 個👍哦！）
①對流層　②平流層　③中氣層　④增溫層

（　）2.風，簡單來說，就是空氣水平的流動，風的方向與氣壓值的變化有關，試
問下列選項中對氣壓的敘述何者正確？（答對可得到 1 個👍哦！）
①空氣對物體的作用力　②單位面積所承受的空氣重
③空氣重可使水銀上升的高度　④熱空氣往上推的力量

（　）3.地球具有質量，地球引力使得空氣分子留在地表，如果只考慮以上條件，
請推論以下四處何者的氣壓值最大？（答對可得到 1 個👍哦！）
①地表　②地表往上 100 公尺
③地表往上 1000 公尺　④地表往上 10000 公尺

（　）4.將一平面上相同氣壓值的點連線，可形成等壓線，圖為數條等壓線的舉例，
風會垂直等壓線、自高壓處吹向低壓處。如果不考慮科氏力等的作用，此
圖中的風向應為何者？（答對可得到 1 個👍哦！）

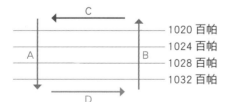

①A　②B　③C　④D

（　）5.地球由西向東自轉，由北極上空觀察，方向為逆時針旋轉，試判斷居住在
北半球的人，會發現風向朝何處偏轉？（答對可得到 1 個👍哦！）
①左　②右

☆行星風系概念的建立，始於地表受熱造成氣壓不同，進而產生風的流動，又因地表摩擦力、科氏力等影響，產生風向固定的風系，稱為行星風系。文章中介紹的哈德里單胞環流、弗雷爾三胞環流、沃克環流等，都屬於其中範疇。請就文章及已知的科學知識，回答下列問題：

（　　）6.就文章中的描述，驅動行星風系的力量包括下列哪些？（多選題，答對可得到 1 個👍哦！）

①熱對流　②海陸分布　③地球自轉　④地球公轉　⑤月球公轉

（　　）7.氣流從四周向中心流動稱「輻合」，從中心向四周流動叫「輻散」。以地表氣流作觀測，赤道地區受太陽輻射能量較強，加熱空氣後推動氣流垂直流動。對於此區氣流的流動方式敘述，下列何者最為貼切？（答對可得到 2 個👍哦！）

①氣流輻散上升　②氣流輻散下降

③氣流輻合上升　④氣流輻合下降

（　　）8.地表某處有高壓時，代表周圍會相對低壓，所以風會流向旁邊，而使中央垂直方向產生下沉氣流。試問副熱帶高壓下，常見何種氣候？（答對可得到 1 個👍哦！）

①連綿多雨　②瞬間降雨　③乾燥少雨　④寒冷風強

☆海面受太陽照射而溫度較高，風的吹拂會影響表層洋流流動，連帶影響海面溫度，甚至影響海水垂直的流動變化。由於海氣一家，大氣與海洋的因素都會影響氣候變化。試回答下列問題：

（　　）9.以赤道附近的太平洋為例，右側為祕魯，左側為澳洲，將海洋做垂直剖面如圖。請依照文章中的敘述，試想赤道東風的吹拂，將造成海水表面溫度如何變化？（答對可得到 1 個👍哦！）

①太平洋西邊溫度高於東邊

②太平洋東邊溫度高於西邊

③太平洋東邊溫度與西邊相同

④冬季時西邊溫度高，夏季時東邊高

(　)10.承上題，當赤道附近太平洋的海水被風往西吹時，太平洋東側洋面下會形成湧升流，自海洋深處將海底養分帶上來而形成漁場。若赤道東風減弱，可能造成下列哪些影響？（多選題，答對可得到 2 個 👍 哦！）

①因營養鹽較少，漁獲減低

②因海水不往西堆積，湧升流無法上來

③太平洋東岸水溫變得更低，使祕魯變寒冷

④祕魯地區變暖，導致較多降雨

延伸知識

1.**大氣層**：氣體分子受地球引力吸引而附著在地球表面，形成氣圈，其中成分 78% 為氮氣、21% 為氧氣，另有少數其他氣體。大氣層依垂直的溫度變化可分為四層，從地表到高空依序為對流層、平流層、中氣層、增溫層。其中，對流層內的氣溫隨高度增加而降低，水氣上升至高空後，因氣溫較低而達到飽和，降水造成天氣變化。對流層中熱空氣上升、冷空氣下降，使氣流發生垂直方向的流動，因此稱為對流層。不管是單胞或三胞環流，都是熱對流的循環狀態，本文中所敘說的氣流，主要發生在對流層內。

2.**大氣壓力**：大氣中的氣體分子受到地球引力的吸引，大多分布於地表附近，愈往高空，空氣愈稀薄。氣體分子雖輕，仍具有重量，因此在相同的地表位置上空，愈到高空大氣壓力愈低。從日常生活可觀察到以下現象：在便利商店購買的零食內常充有氮氣，若帶到海拔較高處，因大氣壓力比較低，零食包會膨脹，袋內的氣壓才能與環境氣壓達到平衡。大氣中的氣體分子分布並不均勻，因此會自高壓（空氣分子多）往低壓（空氣分子少）的方向移動，就好比擴散作用一樣。氣體分子的移動，是風形成的主因。

3.**行星風系**：地球上分布著四個高壓帶、三個低壓帶，形成了各種風帶或無風帶，如：

赤道無風帶、副熱帶無風帶、信風帶、西風帶、極圈氣旋帶、極地東風帶。這些幾乎終年固定的風或無風現象，對當地氣候狀態影響極大，如赤道無風帶因氣流輻合、對流旺盛，容易產生對流雨；副熱帶無風帶則因為氣流下沉、晴朗乾燥，容易形成沙漠。

延伸思考

1. 日常生活中，因熱空氣上升、冷空氣下降造成氣壓差而形成的風，還包括海陸風。在海邊，白天時風從海往陸地的方向吹拂，稱為海風；晚上時，風從陸地吹往海的方向，稱為陸風。請從陸地及海洋的組成物質來思考，不同物質具有不同比熱，加上晝夜太陽造成的溫度上升變化不同，試推論造成海陸風的成因及方式。

2. 祕魯地區在耶誕節前後，有時會出現漁場變小或消失的現象，無魚可捕，海溫也變得較往常冬季高，稱為聖嬰現象。請利用圖書館或網路資料查一查「聖嬰現象」發生時，海溫會如何變化？「反聖嬰現象」又是什麼？這樣的氣候改變，在太平洋東岸及西岸可能造成哪些災害？

3. 「噴射氣流」是大氣環流的一環。乘坐飛機時，如果善用噴射氣流，能夠更快且更節省燃料的到達目的地。日本氣象學家大石和三郎和美國飛行員波斯特（Wiley Post）為發現噴射氣流的重要人物，請搜尋他們的故事，了解這段科學史，並進一步認識噴射氣流，思考它對整個大氣環流的重要性，尤其是對地球熱量分布的影響。噴射氣流對氣候的影響是什麼？對生物生存有何重要性？

這天氣是怎麼了？冬天不太冷，可是又有帝王級寒流，
登革熱大流行、西太平洋國家乾旱……這些，竟然都和聖嬰現象有關？

撰文／王嘉琪

氣候造成的災害，似乎年年都會登上新聞，其中常聽到的原因，就是聖嬰和反聖嬰。例如 2015 年前後，出現了史上最強烈的聖嬰現象之一，世界各地紛紛出現嚴重的氣候異常現象，德州、巴西、智利等地降下豪雨，西太平洋一帶卻嚴重乾旱，對農業、經濟及人民生活造成重大影響；臺灣受到的影響也很大，秋颱盛行，南部登革熱大流行，還發生帝王級寒流，造成嚴重的農漁業損失；美國、加拿大、日本等地也同時發生大雪。科學家認為這些現象都和超級聖嬰有關，但到底什麼是聖嬰現象？為什麼聖嬰現象又會造成這些氣候變化？

聖嬰現象最明顯的特徵，是在北半球冬天時，熱帶東太平洋的海表面溫度會變得特別溫暖，每 2～7 年即發生一次，同時漁獲量會大幅減少。這個現象一開始是祕魯漁民先注意到，由於每次都發生在聖誕節前後，所以稱為 El Niño，也就是西班牙文中「嬰兒耶穌」的意思，中文翻譯為「聖嬰」。

但是，聖嬰現象不僅僅是海表面溫度改變而已，靠近海面的海水及熱帶地區的大氣環流，也會連帶產生巨大的改變，進而造成太平洋東西兩岸及附近許多地區的氣候變化，影響遍及全世界！

沃克環流反轉

地球氣候深受行星風系影響，其中在太平洋赤道附近有一股較弱的大氣環流稱為沃克環流。沃克環流一般是在西太平洋地區上升，高空的氣流往東流，到了東太平洋下沉，靠近地面的氣流再往西吹回西太平洋，形成一個循環。沃克環流的氣流上升區會形成大量積雨雲，為熱帶西太平洋沿岸帶來豐沛的降雨。在太平洋東岸則是下沉氣流，會讓附近氣候變得較乾燥。

沃克環流推動表層海水往西太平洋堆積，形成暖池，而東太平洋一側，則因為地表的

2至7年的範圍也太大了吧？

聖嬰現象發生的週期大約 2～7 年，這個範圍實在有點大。不過最近科學家已經發現，這是因為聖嬰現象可以透過不同的過程來引發，如果是單純透過大氣中的擾動來引發，會讓聖嬰現象每兩年出現一次。如果是透過海洋與大氣的交互作用，就需要比較長的時間來醞釀，所以才會造成 2～7 年的週期。目前，對於大自然會依哪一種過程發生聖嬰現象，還有待科學家進一步的研究。

繪圖：張國瑞；圖片來源：CIRA/RAMM、Shutterstock

風持續往西吹，牽引表層海水往西流。但由於科氏力的影響，北半球的水流會往北偏，南半球的水流則往南偏，使得赤道南北兩側的表層海水往兩邊分開，下層較冷的海水於是湧上來補充，形成「湧升流」。正因為如此，東太平洋會有一塊細長區域的海水溫度比較低，稱為「冷舌」。太平洋海表面溫度這種「西邊暖，東邊冷」的現象，會回過頭來加強沃克環流，讓環流可以維持一定的強度持續流動。

海水溫度的變化並非只發生在表面，而會使海水溫度出現相對應的結構變化。海水最表面是混合層，這層海水可接受日曬而變得溫暖，再加上風的攪動而混合均勻，所以叫做「混合層」。混合層之下有一層薄薄的

「溫躍層」，顧名思義，海水溫度在這裡的變化比較明顯。溫躍層以下是較冷的下層海水。在西太平洋暖池的地方，堆積著溫暖的海水，所以混合層比較厚，大約有 200 公尺深，使得溫躍層位較深處；愈往東，混合層愈薄，使得溫躍層的深度斜斜上升，再加上湧升流的影響，到了東太平洋，溫躍層的深度會變得最接近海表面，大約只有 50 公尺深。

但當聖嬰現象發生時，北半球熱帶東太平洋的海表面溫度變得特別溫暖，大氣環流會如何變化呢？以歷史上有名的強大聖嬰年——1997 年底至 1998 年初的聖嬰現象為例，當時整個熱帶東太平洋的海表面溫度大幅升高，比平均值高了 2.7℃以上。上升

聖嬰現象發生時，沃克環流會反轉，海表層的溫度分布也會跟著改變，東太平洋海溫上升、湧升流與冷舌消失，造成氣候異常，原本潮濕多雨的熱帶西太平洋沿岸變得乾燥，原本乾燥的太平洋東岸反而下起大雨。
反聖嬰現象則可視為沃克環流的加強版，湧升流變強、冷舌範圍擴大，熱帶西太平洋沿岸變得更潮濕，可能發生暴雨；東岸則更為乾燥，可能發生乾旱。

海水溫度：

17 18 19 20 21 22 23 24 25 26 27 28 29 30（℃）

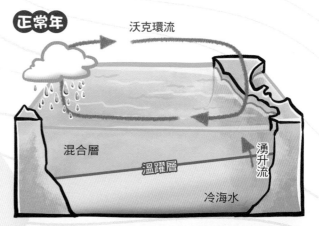

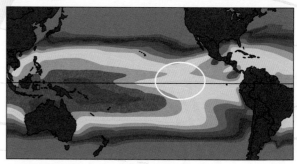

▲正常年海溫分布（圈起處為冷舌）

的海表面溫度使得沃克環流的上升區移動到東太平洋，於是原本應該降在西太平洋區域的雨水，跟著移動到美洲地區，造成太平洋東邊下大雨，西邊乾旱的現象。

由於大氣環流改變，原本的赤道東風減弱，使得表層海水的結構跟著調整：西太平洋暖池的海水往東回流，造成混合層變薄，但東太平洋的混合層變厚，湧升流大幅減弱，海表面的冷舌跟著消失。赤道及祕魯沿岸的湧升流除了溫度較低以外，也帶有豐富的養分，所以浮游生物很多，能吸引大量魚群聚集，是世界上重要的漁場，一旦湧升流消失，魚群也會跟著消失。所以當聖嬰現象發生時，祕魯沿岸的漁民就捕不到魚，太平洋東西兩岸的氣候變化也會剛好相反。

如果分別在暖池與冷舌的海面測量氣壓，會發現平常年時，暖池是低壓，冷舌是高壓，這是因為溫暖的海水會加熱空氣，讓空氣密度降低，氣壓就會較低；冷舌的情況剛好相反，所以形成高壓。聖嬰年時，海水溫度改變，使得高低壓配置相反，一高一低的變化就像蹺蹺板一樣。由於氣象學家沃克剛開始研究這個氣壓變化時，使用的資料來自澳洲達爾文及大溪地這兩處位在南半球的氣象站，所以這個氣壓變化的現象被稱為「南方振盪」。後來，愈來愈多研究證明，赤道太平洋表面氣壓的變化，與沃克環流的改變及表層海水的溫度變化息息相關，所以把大氣與海洋的週期性變化合稱為「聖嬰與南方振盪」（ENSO）。

繪圖：張國瑞、黃榆儒；圖片來源：Shutterstock

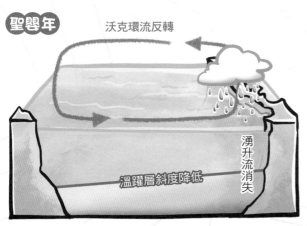

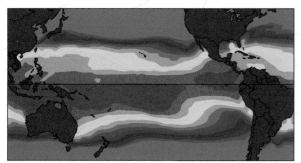

▲聖嬰年海溫分布（冷舌消失）

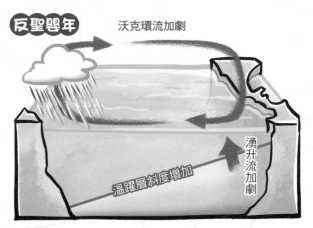

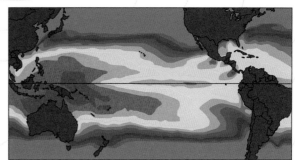

▲反聖嬰年海溫分布（冷舌擴大）

聖嬰的過敏源

科學家對於大自然為什麼會形成聖嬰現象，一直找不到確切的原因，也不知道為什麼某些年聖嬰會特別強。不過，這就好像有些人天生就有過敏體質，雖然不知道造成過敏體質的原因，但可以試著找出過敏源，這樣就可以預測可能發生過敏的時機。

目前，有較多科學家認為聖嬰的過敏源可能是「西風爆發」。當西風爆發的現象發生時，太平洋暖池上的西風會變得特別強，持續受到強風吹拂的水面會產生水波，這個巨大的水波叫做「凱爾文波」。當凱爾文波沿著赤道傳到東太平洋時，就會引起聖嬰現象。

當西風爆發時，除了會產生帶有溫暖海水的凱爾文波，同時也會產生另一種挾帶著冷海水的波動，這種波動會先往西傳，碰觸到陸地後反彈，變成往東走。當這股帶著冷海水的波動到達太平洋東岸時，就會產生反聖嬰現象。

▼下方圖組為電腦模擬西風爆發產生凱爾文波與聖嬰、反聖嬰現象的過程。

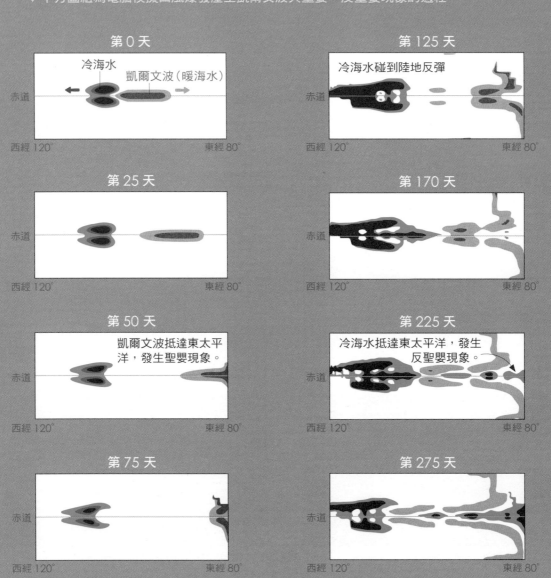

還有「反聖嬰現象」？

聖嬰現象結束後，有時會跟著發生「反聖嬰」，也就是 La Niña，在西班牙文中是「女孩」的意思，代表這個現象和「男孩」聖嬰現象的特徵相反。「反聖嬰現象」發生時，沃克環流的位置大致不變，但是強度會變得特別強。赤道上較強的東風會引發較強的湧升流，使東太平洋的冷舌範圍變得更廣，溫度也更冷，西太平洋的暖池則變得較小。歷史上有名的反聖嬰現象發生在 1989 年初，前一年冬天正是一次強大的聖嬰現象。

聖嬰與反聖嬰現象有很多特徵相反，但也不是完全相反，例如反聖嬰現象引起的氣候變化幅度通常比聖嬰現象的弱；聖嬰現象持續的時間通常比較短，大約 9 ～ 15 個月，反聖嬰現象卻可能持續 1 ～ 3 年之久，如 1998 ～ 2000 年和 2020 ～ 2022 年的反聖嬰就長達三年。有時是聖嬰現象先發生，結束後轉變成反聖嬰現象，有時卻先發生反聖嬰現象，持續 1 ～ 2 年後再轉變成聖嬰現象。總之，聖嬰與反聖嬰之間似乎沒有特定的規律，卻又好像存在著某種變化規則。

臺灣和聖嬰有關嗎？

聖嬰現象對臺灣的天氣及氣候變化有明顯的影響：由於颱風多半誕生於暖池中，當聖嬰現象發生時，暖海水位置往東移動，暖池的範圍擴大，颱風生成的位置會跟著偏東，數量也偏多，而且在這種情況下，颱風要通過比平常更廣大的溫暖海域後才會接觸陸地，所以強度較強，生命期也會長一些，但颱風比較容易往北偏。

相反的，當反聖嬰現象發生，暖池的範圍縮小，颱風生成的位置會比較靠近臺灣，生成後不久就登陸，所以強度較弱，生命期較短，路徑向西行的機率較高。不過，聖嬰現象並未明顯影響颱風是否會登陸臺灣，因為颱風的路徑主要是受到太平洋副熱帶高壓的影響，聖嬰現象反而不是最主要的因素。

聖嬰現象還會讓臺灣比較容易出現暖冬及較多的春雨，臺灣南部原本冬天就不太冷，而聖嬰現象造成的暖冬，正好讓 2015 年末的登革熱繼續流行，成為防疫上的難題，這也顯示了氣候預報的重要性。2016 年初發生的帝王級寒流，也與這個超級聖嬰現象有關，因為它透過環流把大量的熱及水氣帶到北極地區，造成北極地區變得不那麼冷，破壞了圍繞著極區的高速氣流，這就好像北極大冰箱的門被打開了一樣，大量的冷空氣便快速往南移動，造成強烈寒流。

每個地區的氣候都會受到多種因素影響，各種氣候現象之間可能產生複雜的交互作用，其中有許多是我們從未經歷過的。科學家在綜合很多因素後，不一定找得到明顯的因果關係，這也是氣候預報為什麼會這麼困難、但又如此有趣的原因。 科

作者簡介 --------------------------------

王嘉琪　文化大學大氣科學系教授，資深正妹，熱愛光著腳丫跑步與分享科學知識。

繪圖：黃榆儒　圖片來源：Shutterstock

超級聖嬰來襲

國中地科教師　羅惠如

主題導覽

　　地球上的大氣環流除了主要的三胞環流，還有其他較小的循環。大氣環流的流動、長期的風吹影響，使得某些海流以固定方向流動，而海水溫度狀況又會反饋到大氣。知名的聖嬰現象，正與這些條件息息相關，而全球各地乾旱、洪水、霸王級寒流等大規模的氣候異常現象，也深受聖嬰現象的影響。

　　聖嬰現象的起源，來自於以捕魚為生的祕魯居民，他們發現聖誕節前後的漁獲常大幅減少，且每幾年就會發生一次！在海氣一家的概念下，我們需了解大氣如何影響海溫變化，海溫又如何反過來影響大氣狀態，才能了解聖嬰現象為何發生。

　　閱讀完本文後，你可以利用「挑戰閱讀王」檢視自己對文章的理解程度；「延伸知識」中介紹了洋流與溫躍層，可幫助你更了解文章內容。

關鍵字短文

　　〈超級聖嬰來襲〉文章中提到許多重要的字詞，試著列出幾個你認為最重要的關鍵字，並以一小段文字，將這些關鍵字全部串連起來。例如：

關鍵字：1. 沃克環流　2. 聖嬰現象　3. 赤道東風　4. 冷舌

短文：沃克環流在西太平洋沿岸上升，加上赤道東風帶動洋流由東向西流，使海洋表面較暖的水往西太平洋堆積，帶來豐沛的降雨。同時，太平洋東岸底層的冷海水向上湧升，造成湧升流及冷舌。當聖嬰現象發生，沃克環流反轉，表層暖海水無法在西太平洋堆積，太平洋東邊往西的海流減弱，湧升流也隨之減弱，缺少來自海底的營養鹽，漁場自然減少或消失；太平洋東西兩岸的氣候也會受到影響。

關鍵字：1.＿＿＿＿＿　2.＿＿＿＿＿　3.＿＿＿＿＿　4.＿＿＿＿＿　5.＿＿＿＿＿

短文：＿＿＿＿＿＿＿＿＿＿＿＿＿＿＿＿＿＿＿＿＿＿＿＿＿＿＿＿＿＿＿＿＿＿＿

＿＿＿＿＿＿＿＿＿＿＿＿＿＿＿＿＿＿＿＿＿＿＿＿＿＿＿＿＿＿＿＿＿＿＿＿＿

挑戰閱讀王

閱讀完〈超級聖嬰來襲〉後，請你一起來挑戰以下題組。

答對就能得到👍，奪得 10 個以上，閱讀王就是你！加油！

☆聖嬰現象與反聖嬰現象對氣候有很大的影響，請就文章中太平洋東西岸的觀察，
　回答下列問題：

（　）1.請比較太平洋赤道附近，聖嬰年與平常年時表層海水溫度有何不同？（多
　　　　選題，答對可得到 2 個👍哦！）
　　　　①聖嬰年時西岸混合層較平常年厚　②聖嬰年時東岸混合層較平常年厚
　　　　③聖嬰年時西岸溫躍層較平常年深　④聖嬰年時東岸溫躍層較平常年深

（　）2.透過沃克環流可知，平常年時，太平洋西岸與東岸的氣壓狀況分別為何？
　　　　（答對可得到 1 個👍哦！）
　　　　①高壓、低壓　②高壓、高壓　③低壓、高壓　④低壓、低壓

（　）3.當沃克環流反轉帶來聖嬰現象時，會為太平洋兩側居民帶來怎樣的氣候改
　　　　變？（答對可得到 1 個👍哦！）
　　　　①西岸降雨減少　②西岸容易發生水災
　　　　③東岸氣溫變低　④東岸增加颱風登陸的危害

（　）4.當我們觀察到冷舌範圍擴大，可推論出或反推出哪些現象？（多選題，答
　　　　對可得到 1 個👍哦！）
　　　　①沃克環流反轉　②赤道東風增強
　　　　③湧升流增強　④太平洋西岸即將發生乾旱

（　）5.聖嬰現象的週期為 2～7 年，主要是因為下列何種因素，才導致這麼大的
　　　　落差？（答對可得到 1 個👍哦！）
　　　　①海洋與大氣的交互作用需要時間醞釀
　　　　②地球對太陽公轉的週期變化
　　　　③太陽黑子週期為 11 年，也影響了地球熱能的多寡
　　　　④月球與地球的距離每年都在改變，使潮汐受到影響

☆聖嬰現象與反聖嬰現象會對臺灣造成不同的氣候影響，請就文章中臺灣地區的觀察，回答下列問題：

（　　）6.聖嬰年時，在臺灣能觀察到哪些氣候異常現象？（多選題，答對可得到 1 個👍哦！）

①颱風登陸的機會較高　②過境臺灣的颱風強度較強，且較多中強颱

③因暖海水變少，冬天因此變得較冷　④春雨比平常年來得多

（　　）7.臺灣受霸王級寒流侵襲也與聖嬰現象有關，下列敘述中，何者符合霸王級寒流的成因？（答對可得到 1 個👍哦！）

①聖嬰現象將溫暖海水帶到較高緯度地區

②洋流將寒冷海水帶到中國沿岸流使氣候變冷

③東北季風減弱

④聖嬰現象使降雨變少，沒有雨水調節臺灣當地氣溫

（　　）8.依照科學家的推測，聖嬰現象約 2 ～ 7 年發生一次，臺灣在 2016 年遭受霸王級寒流侵襲，請據此推測下一次聖嬰現象來臨，大約是何時？（答對可得到 1 個👍哦！）

① 2016 年的兩年後

② 2016 年的七年後

③必須長期觀測海溫、氣壓等資料來預測

④無跡可循

☆聖嬰現象對於生物的生存有一定影響，文中以臺灣登革熱為例，但其他生物也會受到影響。試回答下列問題：

（　　）9.登革熱病毒分為四型，臺灣主要的傳染病媒蚊為埃及斑蚊和白線斑蚊，埃及斑蚊分布於嘉義縣、臺南市、高雄市、屏東縣及臺東縣等處，為主要傳染病媒。若聖嬰現象發生，可能對登革熱防治有哪些影響？（多選題，答對可得到 1 個👍哦！）

①全臺更暖，病媒蚊北移，登革熱擴散

②病媒蚊繁殖數量更多，更難完全撲滅

③春雨變多，容易造成積水，更難斷絕

④西南季風增強，配合風速變化，更快傳播至北部地區

( )10.利用海溫、氣壓變化等天氣資料可預測聖嬰現象，請問下列敘述中，哪些做法是我們可採行的生活調整，以避免天然災害？（多選題，答對可得到1個👍哦！）

①透過降雨預測選擇不同農作物，以配合不同植物的生長需要，減少農業歉收的問題

②事先做好防範強風暴雨的可能，例如已預測颱風的強度增加，則防災配套要做足

③預先做好準備，減少寒流帶來的低溫對養殖業造成寒害

④調整農作物播種時間，迴避淹水或乾旱時期，於適合時機採收作物

延伸知識

1.**行星風系**：古代商人及水手熟知海上有風向穩定的貿易風，藉以遠航進行貿易。隨著科學研究的發展，證實大氣環流具有三胞環流的樣貌，分別為哈德里胞、弗雷爾胞、極胞。但除了三胞環流，也有如沃克環流等較小的循環，構成了全球性的行星風系。地表的行星風系包括四個高壓區、三個低壓區。高壓區氣流下沉、氣候晴朗乾燥，容易形成沙漠；低壓區氣候較不穩定，如赤道地區，因對流旺盛而容易產生對流雨，這些都影響了各地的氣候狀況。

2.**洋流**：大氣環流受到地球自轉的科氏力作用，會在不同地區產生不同風向。風長期往同一方向吹拂，會使海洋表面海水往固定方向流動而形成洋流。自赤道地區往高緯度地區流動的洋流，會將較溫暖的海水帶到較冷的區域，較冷的海水則流往赤道加熱。洋流的混合循環調節了地球整體氣候，使各地溫差不會過度劇烈。除此之外，洋流也會為流經的陸地帶來不同的氣候影響，例如較暖的海水經過，可使氣候變得溫暖潮濕；較冷的海水經過，會使氣候變冷。

3.**溫躍層**：也叫斜溫層。海洋依垂直結構可簡單分成混合層、溫躍層及深海。海表面附近因為接受太陽照射所以較暖，熱源又因波浪、洋流、潮汐等作用而有較充分的混合，這層海水稱為「混合層」。混合層以下，海水溫度急遽下降的水層就

叫「溫躍層」，深度隨緯度與環境不同而有所差異。溫躍層以下即為「深海」，水溫冷，但變化小。溫躍層上下的海水物理性質差異較大，一般來說沒有對流的狀況，生物也較不會在此層活動。

延伸思考

1. 聖嬰現象會造成極地的高壓減弱，在大氣系統中，高壓會產生沉降氣流，而低壓會造成上升氣流。想一想，當極地高壓減弱時，極地附近的氣流會有怎樣的變化？而這樣的變化，將使極地較冷的空氣往哪裡流動？對於全球氣候又會造成什麼樣的影響？

2. 請比較正常年與聖嬰年的海洋垂直剖面，當溫躍層的斜度改變時，會如何影響湧升流？參考文章中的說明，並回想課本中熱對流的相關敘述，試著畫出海洋中海水如何流動。

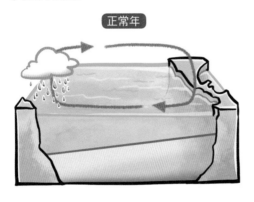

正常年

聖嬰年

3. 聖嬰現象的發現起源，為 1920 年沃克發現的「南方震盪」現象。請利用圖書館或網路資料查詢這段科學史，並試著說明：

①為何太平洋東西兩岸觀測站記錄的氣壓數據，會像翹翹板一樣，有高低落差？

②沃克觀察到東西兩岸氣壓差變低時，太平洋西岸的澳洲、印尼、印度、非洲東部等地常出現乾旱，依現今的科學知識，該如何解釋這種現象？

繪圖：張國瑞

不能梅有雨

下雨天出門最煩了！但每年夏天來臨前，總會下好一陣子的「梅雨」，背後的原因是什麼呢？下這麼多雨又有什麼好處？

撰文／王嘉琪

每年春夏交替之際，總有一段時間特別潮濕，經常一連下好幾天的雨，鞋子及衣服老是濕答答的不會乾，出門時好麻煩！這就是「梅雨」，因為發生的時間正好是梅子成熟的季節，因此有了「梅雨」的稱號。

雖然有著「梅雨」這樣秀雅的名稱，但梅雨的雨勢通常都很大，下雨時間又長，因此常常造成山洪爆發、水災、山坡地坍方等等災害，是僅次於颱風的第二大災害性天氣現象。然而另一方面，梅雨也是臺灣很重要的水資源，全年大約有 19 ～ 35％的雨量集中在 5、6 月的梅雨季。不管是日常用水還是農業灌溉，都相當依賴梅雨。因此，梅雨可說是令人又愛又恨。

現在，一起來看看這既讓人煩躁、又讓我們不缺水的梅雨，到底是怎麼形成的吧！

繪圖：張國瑞

你推我擠的冷暖空氣

在衛星雲圖上，常可看見長長的雲帶，這種長條的雲帶，通常是因為南北溫度不同的氣團互相推擠而形成，稱為「鋒面」。北方是來自大陸的冷空氣，南方是來自海洋的暖空氣，這條雲帶會根據兩邊冷暖空氣的勢力狀況而移動，如果冷空氣勢力比較強，例如冬天的時候，鋒面會往南移動，形成冬天時常見的冷鋒；如果暖空氣勢力比較強，鋒面會往北移動，形成暖鋒。如果兩邊勢均力敵，鋒面就會在原地滯留或南北來回移動，稱為「滯留鋒面」。

在氣團互相推擠的過程中，由於暖空氣比冷空氣輕，容易爬到冷空氣之上，使得水氣凝結，所以在氣團交界處容易出現雲帶，也就很容易下雨，梅雨即是由滯留鋒面帶來的降雨。由於滯留鋒面通常在某一個地方停留好幾天，所以下雨的時間很長，要等到鋒面離開後才會放晴。

在臺灣，每年大約到了 5、6 月時，就會出現滯留鋒面帶來的降雨，雨量非常豐沛。這種和梅雨相關的滯留鋒面，也常稱為「梅雨鋒面」。

水從哪裡來？

但梅雨一下就是好幾天，為什麼會有源源不絕的水氣呢？科學家發現，水氣的來源和東亞的夏季季風大有關聯。東亞夏季季風每年開始的時間雖然多多少少有些不同，但是進入梅雨季的時間，都一定會跟在季風開始之後。這個發現解釋了梅雨水氣的可能來源，最靠近臺灣區域的東亞夏季季風，正是

梅雨之季，冷暖自知

臺灣所在的東亞地區，在冬季盛行東北風，夏季盛行西南風，每到春天時節，東北風逐漸減弱，西南風逐漸增強，我們就會感到天氣漸漸變暖了。當這兩股勢力勢均力敵、誰也不讓誰的時候，中間會產生一道滯留鋒面，就像你的左右兩邊各被一位同學用力推著，使得你動彈不得一樣。

梅雨季通常伴隨著夏季季風的來臨，在東亞地區，夏季季風帶來的西南氣流，正好為梅雨季帶來豐沛的水氣，因此梅雨季的雨總是下得又大又久。

氣象報告中常聽見的「西南氣流」，它就像後勤補給部隊一樣，不斷把豐富的水氣從溫暖的熱帶海洋傳向北邊的滯留鋒面，所以才能連續好幾天不間斷的下雨。

這個發現也提供了預報梅雨季的一條線索：只要夏季季風開始的日期確定了，短短幾天之後就會進入梅雨季。只不過夏季季風的預報也有其困難，大自然的運作還有許多未解開的謎，等著我們去研究！

梅雨的特徵除了綿綿不絕的降雨，也會發生豪大雨，這是因為梅雨鋒面內常會發生非常劇烈的局部對流，也常常和臺灣的地形產生交互作用，所以發生的時間及強度都很難預報。除了雨量，劇烈的對流也常引起雷擊或強風，造成嚴重的災害。

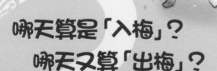

哪天算是「入梅」？哪天又算「出梅」？

科學家會根據實際的降雨情況來訂出梅雨季的期間，最常使用的標準是：5、6月間發生連續四天都下雨，而且四天的平均日雨量超過 9 毫米的第一天，就是梅雨季的開始，稱為「入梅」，符合這個標準的最後一波梅雨的隔天，則是代表梅雨季結束的「出梅」。中央氣象局為了配合相關單位防災宣導上的需求，目前廣義的把臺灣的梅雨季開始日期訂為每年 5 月 1 日，結束日為 6 月 30 日。不過我們常可在新聞上看到預報員表示，可能在某一日入梅，這是依靠現在比較進步的天氣預報技術，由預估的雨量所推測出來的日期。

🌧 深入觀測梅雨

臺灣早期飽受梅雨季豪大雨造成的水災困擾，因此臺灣的科學家一直很想提高對梅雨的了解，而且以梅雨的地理特性而言，臺灣是最適合的觀測地點，所以從 1983 年開始，科學界展開一項為期長達十年的大型國際合作研究計畫，稱為「臺灣地區中尺度實驗」（Taiwan Area Mesoscale Experiment，簡稱 TAMEX）。

TAMEX 團隊在 5 ～ 6 月期間，針對梅雨密集觀測，除了原本的地面測站觀測，並施放探空氣球做高空觀測之外，科學家還利用 P-3 飛機及都卜勒雷達，測量梅雨鋒面的各項特徵，就像在幫梅雨鋒面做身體檢查一樣，而且每隔三個小時就測一次，才能趕得上梅雨鋒面的變化。

透過這項大型研究的觀測，科學家發現大部分的梅雨鋒面都和高空的帶狀低壓（稱為「槽線」）有關，這些槽線由西往東移動時，梅雨鋒面就會跟著移動。科學家也發現，地球高空中具有很強的高速氣流——稱為「噴流」，但距離地面三公里左右的高度也有噴流存在。這些靠近地面的噴流會激發強烈對流，與豪大雨的產生有關。另外，梅雨鋒面碰到臺灣複雜的地形後，空氣受到地形舉升，也會讓部分地區產生對流而降下豪大雨。透過幫梅雨「體檢」，多了解梅雨鋒面本身的特質，以及它和附近大氣環流之間

的關聯後，就可以比較準確的預報豪大雨。

　　這個實驗計畫讓中央氣象局的觀測及預報方式，從傳統的主觀預報轉變成現代化的數值天氣預報，根據當時實驗計畫的結果，發展出豪雨及定量降水的預報技術，也算是梅雨帶給臺灣的另類收穫。

　　雖然中央氣象局偶爾仍會因預報不準而挨罵，但想想看，臺灣的氣候如此多變複雜，再加上地形崎嶇多變，有許多受地形影響的局部天氣現象會出現劇烈又快速的變化，這些都非常難以觀測及預報，氣象局的預報人員只能持續努力的精進預報準度。下次面對梅雨季的預報，記得別把對雨天的怨氣，轉移到無辜的氣象局身上！

梅雨不只臺灣有！

梅雨是東亞地區特有的天氣現象，除了臺灣有梅雨外，中國、日本及韓國也有。每個地方的梅雨季時間都不一樣，這和季節轉換時南北氣團勢力的消長有關。當太陽直射的緯度開始由赤道往北半球移動時，季節開始由春天轉變成夏天，這時位在低緯度的暖氣團勢力會漸漸轉強，位在高緯度的冷氣團勢力則會逐漸減弱。

有趣的是，每一條滯留鋒面其實都是緩慢的從北往南移動，因此下一條鋒面出現的位置會再往北一點。所以平均起來，梅雨會隨著季節慢慢往北移，臺灣的梅雨大約在5月中到6月中左右，日本的梅雨大約從6月上旬開始，中國長江地區約在6月中入梅，韓國梅雨則要等到6月底。現在知道旅遊該避開哪些時間了吧！

2015年5月20日的衛星雲圖，此時正值臺灣的梅雨季。

2015年6月10日的衛星雲圖，此時正值日本的梅雨季。

2015年6月17日的衛星雲圖，此時正值中國長江流域的梅雨季。

2015年6月24日的衛星雲圖，此時正值韓國的梅雨季。

作者簡介

王嘉琪　文化大學大氣科學系教授，資深正妹，熱愛光著腳丫跑步與分享科學知識。

繪圖：張國瑞；圖片來源：中央氣象局

不能「梅」有雨

國中地科教師　姜紹平

主題導覽

　　每到春夏交替之際，臺灣總是會進入一段陰雨綿延不斷的梅雨季節。梅雨季不但是臺灣典型氣候之一，也是臺灣水資源重要的來源。梅雨季由滯留鋒面造成，通常會在臺灣上方停留一個月左右，而此時正是梅子成熟的季節，才有了「梅雨」這個美麗的名稱。

　　〈不能「梅」有雨〉除了介紹梅雨季如何形成，更深入淺出講解了整個太平洋西岸在春夏交替之際的氣候型態，以及這樣豐沛的雨量從何而來。閱讀完文章後，你可以利用「挑戰閱讀王」測試自己對這篇文章的理解程度；「延伸知識」與「延伸思考」中補充了更多有關梅雨的知識，並說明造成梅雨的整體大氣環境，讓你對氣候變化有更進一步的認識！

關鍵字短文

　　〈不能「梅」有雨〉文章中提到許多重要的字詞，試著列出幾個你認為最重要的關鍵字，並以一小段文字，將這些關鍵字全部串連起來。例如：

關鍵字：1. 梅雨　2. 滯留鋒面　3. 西南季風　4. 噴流　5. 對流

短文：在每年春夏交替之際，來自北方的大陸冷氣團會逐漸減弱，而來自南方太平洋的暖氣團則會逐漸增強。當兩個氣團強度接近、互不相讓時，就會在臺灣地區上空形成滯留鋒面，使得臺灣進入梅雨季節。另外，來自南方溫暖潮濕的西南氣流，更是為鋒面帶來了充沛的雨量，並且因為低壓槽線與噴流的影響，在臺灣上空形成了強烈對流作用，使得雨勢相當強烈。

關鍵字：1.＿＿＿＿　2.＿＿＿＿　3.＿＿＿＿　4.＿＿＿＿　5.＿＿＿＿

短文：＿＿＿＿＿＿＿＿＿＿＿＿＿＿＿＿＿＿＿＿＿＿＿＿＿＿＿＿＿＿＿＿＿＿＿＿＿

＿＿＿＿＿＿＿＿＿＿＿＿＿＿＿＿＿＿＿＿＿＿＿＿＿＿＿＿＿＿＿＿＿＿＿＿＿＿＿

＿＿＿＿＿＿＿＿＿＿＿＿＿＿＿＿＿＿＿＿＿＿＿＿＿＿＿＿＿＿＿＿＿＿＿＿＿＿＿

挑戰閱讀王

閱讀完〈不能「梅」有雨〉後，請你一起來挑戰以下題組。

答對就能得到👍，奪得 10 個以上，閱讀王就是你！加油！

☆臺灣的梅雨大多發生在春末夏初，請你試著回答下列有關梅雨形成的問題：

（　　）1.梅雨的形成與哪兩個氣團有關？（多選題，答對可得到 2 個👍哦！）

①西伯利亞冷高壓氣團　②副熱帶低壓氣團

③太平洋高壓氣團　④颱風低壓氣旋

（　　）2.梅雨為何會停留在臺灣上空將近一個月的時間？（答對可得到 1 個👍哦！）

①沒有季風將梅雨鋒面推離

②兩個高壓氣團強度相當，互相推擠而造成滯留鋒面

③臺灣的高山地形使鋒面困在臺灣上空

（　　）3.當冷空氣與暖空氣互相推擠時，為何暖空氣會被推擠到冷空氣上方，並造成降雨？（答對可得到 1 個👍哦！）

①因為熱脹冷縮　②因為暖空氣較輕

③因為冷空氣含有較多水氣，因此比較重

☆請試著回答下列有關梅雨季降雨的問題：

（　　）4.請問梅雨之所以有如此豐沛的降雨量，是源自於下列哪個氣流帶來的水氣？（答對可得到 1 個👍哦！）

①東北季風　②西南季風　③極地東風　④颱風

（　　）5.請問為何濕暖的空氣並非直接由臺灣東方的太平洋吹來呢？（答對可得到 1 個👍哦！）

①因為熱空氣都是由南方吹向北方

②因為高氣壓外圍的風向是由西南方吹向東北方

③因為低氣壓外圍的風向是由西南方吹向東北方

（　　）6.請問除了季風帶來的水氣，還有哪些原因使得梅雨為臺灣帶來豐沛的雨量？（多選題，答對可得到 2 個👍哦！）

①因為臺灣有高山，地形的抬升會造成更多降雨

②因為來自東北的氣團是冷空氣，冷暖空氣相遇會形成強烈對流，造成更多降雨

③因為梅雨鋒面會吸引颱風靠近造成更多降雨

☆透過觀測，有助於科學家更清楚了解梅雨的成因，可更精準的預報降雨。請試著回答下列有關梅雨觀測的相關問題：

（　）7.請問下列哪些選項，是科學家用以觀測梅雨的方式？（多選題，答對可得到 2 個👍哦！）

①高空氣球　②氣象觀測飛機　③都卜勒雷達

（　）8.梅雨滯留鋒面會逐漸北移，請問這種現象的原因為何？（多選題，答對可得到 2 個👍哦！）

①北方冷高壓氣團逐漸減弱　②強勁的西南季風北吹所致

③受科氏力的影響　④南方的太平洋高壓逐漸增強

延伸知識

1. **噴流**：文章中所提及的「噴流」是「噴射氣流」的簡寫，也叫高速氣流，顧名思義就是一道風速非常快的氣流。北半球的噴射氣流通常出現在北極圈以及副熱帶的高空。噴射氣流所在的位置，常成為飛機省油的重要航線，例如由亞洲飛往美洲的飛機，若順著氣流的方向飛，可更快更省油的到達目的地！

2. **亞洲特有的梅雨**：除了臺灣之外，在臺灣附近的日本、韓國，以及中國大陸的某些地區，也會在春夏交替之際出現梅雨這樣的天氣現象。然而在太平洋的另一端，以及大西洋沿岸、與臺灣相同緯度的地區，卻沒有這麼明顯的降雨季節。梅雨現象雖然不是臺灣獨有，但只發生在臺灣周圍的亞洲地區。

3. **梅雨發電**：梅雨除了是臺灣重要的水資源來源，台灣電力公司也利用豐沛的梅雨降雨量，調度與調節各個山區水庫的蓄水，並將蓄得的水運用於水力發電。台電曾經利用梅雨的雨量，共發電了 7 億 8000 萬度，同時節省了大約 20 億新臺幣的燃料成本費用，可說是減少碳排放的最佳範例。

延伸思考

1. 文章中提到，科學家利用飛機、氣球等飛行器來觀測天氣現象。請查查看，科學家是將什麼儀器裝置在這些飛行器上，而這些儀器又是利用什麼原理觀測天氣現象呢？

2. 梅雨為臺灣帶來豐沛的雨量，但實際上仍會因為地形不同，導致全臺各地的降雨量有顯著不同。請想一想，並查查看，比較一下臺灣各地的梅雨季降雨量有什麼不同，又是因為什麼地形特徵所造成？

3. 在氣象新聞中，經常可聽到「聖嬰現象」的發生影響了當年度的降雨量。請查查看，聖嬰現象是否會影響梅雨的降雨？而聖嬰年與反聖嬰年，對臺灣的梅雨季造成的影響又有什麼差異？

土壤液化
我家會不會有危險？！

地震啦！天搖地動時不但要擔心劇烈搖晃可能造成的損害，竟然連腳底下的土壤，也潛藏液化危機？

撰文／周漢強

記得 2016 年 2 月，臺南與高雄交界的美濃地區，發生一場芮氏地震規模 6.6 的地震，並且在臺南新化地區引發最大震度 7 級的晃動。受到這樣劇烈的搖晃，加上當地地質條件的特性，導致土壤液化發生，連帶使得好幾棟建築物受損、傾斜、甚至倒塌。一時之間，所有人只要聽到「土壤液化」這四個字，心裡都會有點忐忑不安，擔心自己家有一天也遇到同樣的災害……

土壤液化是大地震發生時常伴隨出現的災害，一旦發生，當地建築物容易傾斜甚至倒塌，讓人相當擔心。不過，要造成土壤液化現象，除了需要地震造成的劇烈晃動之外，還有其他必要的地質條件。現在就一起正確的認識土壤液化，不僅能夠未雨綢繆，避免危險，也可以省去不必要的擔心。

認識腳下的地層

在我們雙腳所踩的地面之下，多半是由比較鬆散的土壤、細小砂石，或比較堅硬的岩塊所組成。土壤或細小砂石位在最靠近地表的地方，岩塊所在的位置則通常比較深，但不同地區的深度不大一樣。

土壤或細小砂石看似鬆散，不過其實在愈深的地方，土壤和砂石受到上方砂石向下擠壓的力量，會變得愈加緊密、結實，而能支撐住地表上的其他物件。所以在蓋房子之前，建築工人會先把地表上較為鬆散的土壤挖走，把房子的根基搭建在比較結實的地層上，形成「地基」。要蓋愈高的房子，地基就會挖得愈深。

這些被壓得扎實的地層裡，一顆顆細小的土壤和砂石顆粒彼此靠著摩擦力「卡」在一

起，也因為一顆「卡」著一顆，所以可以支撐住上方地層，甚至是房子，使房子不至於往下陷。即使發生大地震，地層劇烈晃動，這些卡在一起的顆粒也不容易發生太明顯的變化，所以依舊具有足夠的支撐力量。但如果顆粒與顆粒之間存在著大量的地下水，情況就可能不一樣了。

咕溜咕溜的泥漿

在某些距離水源較近的地方，像是海邊、湖邊、有河流經過的地方或是山腳下，地層裡存在大量的地下水。這些水填充在地底下的土壤、細小砂石和岩塊的空隙之間。當大地震發生，地層劇烈震動時，顆粒之間的空隙可能稍微變小，使得地下水受到壓擠，

於是地下水會在一瞬間把周圍的砂石顆粒撐開，因此隔開了每一顆原本緊緊「卡」在一起的砂石。

在這一瞬間，砂石顆粒失去了原本讓彼此「卡」在一起的摩擦力，於是變得像液態的泥漿一樣，「咕溜」一下很輕易的就會移動位置。同一時間，地層上方原本往下壓的重量，會把這些咕溜咕溜的泥漿往四面八方推擠開來。原本是固體的砂石顆粒，卻在這一瞬間變得像液體一樣被推擠而流動，最後造成上面的建築物下壓，或是上方地層往下陷落。這就是「土壤液化」現象。

土壤液化發生的同時，有些混著大量地下水的砂石顆粒會被擠壓到地表上來，形成「噴砂」的現象。不過，並非每個發生土壤

2016 年 2 月的美濃地震，在臺南新化區造成了土壤液化及噴砂現象。

圖片來源：Shutterstock、許崑泉

液化的地區都會出現噴砂，但如果出現噴砂，表示地層中已經發生土壤液化了。

發生土壤液化的條件

大地震引發的劇烈震動是造成土壤液化的必要因素。臺灣位在地震帶上，而且西部地震帶又從南到北縱貫整座臺灣島，所以就地震這個因素來說，臺灣到處都可能發生。另一個重要關鍵是地下水。如果地下水的含量大，地下水位很高，甚至地下水壓很大，當大地震發生時，地下水就很可能因為受到砂石顆粒的擠壓，導致土壤液化。

最後一項關鍵因素，則是地層中土壤或砂石的顆粒大小。如果地層中的顆粒都是比拳頭還大的礫石，由於礫石之間會存在比較多的空隙，一旦發生大地震，即使礫石的排列變得稍微緊密，礫石間的地下水還是有很多空隙可以流動，不容易造成土壤液化。

當組成地層的砂石顆粒很細小，顆粒間的空隙也會相對很小，一旦發生大地震，空隙變得更小，原本塞在空隙間的地下水就可能被擠到無處可去，於是形成「咕溜」的泥漿狀態，進而導致土壤液化。但如果地層中的砂石顆粒比砂子還細，都是像黏土一樣的細小顆粒，因為體積非常小，大多已排列得相當緊密，再加上顆粒之間「卡」在一起的黏性增加了摩擦力，反而不容易滑動，不易出現土壤液化的現象。

臺灣史上重大的 921 大地震發生時，中部許多地方發生土壤液化現象。當時有研究

土壤怎麼會液化？

➡ 一般情況

在含水的沉積地層中，地下水填充在土壤、細小砂石和岩塊的顆粒空隙之間。

地表

沉積地層

含水沉積地層

顆粒空隙間的地下水

扎實的地層

人員根據各地噴砂現象的砂石樣本，分析顆粒大小的特徵，發現地層中砂石顆粒直徑約 0.1mm 的地區，最容易發生土壤液化；顆粒太大或太小的地區，則比較不容易發生。

總結來說，一個地區的地底下，如果是由特定大小的砂質顆粒組成，同時地層結構較為鬆散，再加上富含地下水的話，一旦發生地震，最有可能發生土壤液化。

哪裡會發生土壤液化？

在挖地基蓋房子的過程中，各地政府可能派人採樣，並分析當地地層中的砂石顆粒大小和堆積的緊密程度。有些地方甚至還會用鑽井的方式，鑽取更深處的物質來分析地質結構。近年來政府更進一步整合地下水的觀

繪圖：張國瑞

⟹ 地震來襲，發生土壤液化

劇烈的震動導致地層中的砂石顆粒擠壓，被擠壓的地下水把砂石顆粒撐開，形成泥水，並在壓力下冒出地表而形成噴砂。

建築物向下壓

泥水從地表
脆弱處噴出

劇烈震動使地下
水受到擠壓

⟹ 地震過後，留下噴砂土堆

地表發生噴砂的地方，留下土堆痕跡。地底含水層中的砂石顆粒排列得比原本更緊密。

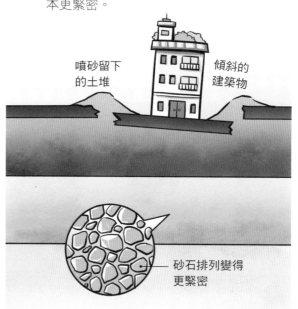

噴砂留下
的土堆

傾斜的
建築物

砂石排列變得
更緊密

測結果，將地下水位高度的資料一併列入考慮，最後對照前述的土壤液化發生條件，將可能出現土壤液化的地區標示出來，並且公告周知。資料公布在經濟部中央地質調查所「土壤液化潛勢查詢系統」的網頁上，只要打開網站上的地圖，找到自己想要查詢的地區，就可知道當地是不是土壤液化的高風險地區。

如果你家正好位在高風險區，也不須過於恐慌，可先諮詢專業的建築工程單位，評估現有建築物是否安全，再考慮針對地底結構進行改良，像是降低地下水水位、把地底下鬆散的砂石替換成結構比較緊密的材質，或是加固地基結構等等。當然，積極的將老舊建築加以改建，是更安全的做法。

如果非得在可能發生土壤液化的地區蓋房子，可以利用工程技術補強，例如把地基挖得更深，或是將原本比較鬆散的地層錘打得更為緊密，也可在建築物的地基之下先插入幾根基樁，讓基樁固定在比較扎實的地層，便能避免或減少未來建築物受到土壤液化的影響而損壞。總之，將地基變得更穩固，就是減少土壤液化損害的最佳方法。

對於地震頻繁的臺灣來說，土壤液化無法避免，但如果能對土壤液化有充分的認識，就可能消災解厄，將危機降到最低。 ㉑

作者簡介

周漢強　臺中市清水高中地球科學老師，人稱「強哥」，經營部落格「新石頭城」。從高中開始熱愛地球科學，除了地科之外，他也熱愛加菲貓。

土壤液化——我家會不會有危險？！

國中地科教師　姜紹平

主題導覽

地震發生過後，一些地質較鬆軟或富含地下水的地區，經常會發生土壤液化的狀況。特別在臺灣的西部平原地區，由於地質組成多半是富含地下水的沙土層，當受到外力影響（如地震），由於地層受到擠壓，或建築物下陷造成壓力，會使得原本穩定含水的地層發生結構改變，導致土壤顆粒被水分包圍，變成泥狀的流動沙土，因而造成土壤液化的現象。

〈土壤液化——我家會不會有危險？！〉說明了土壤液化的成因，以及可能造成的災害，同時介紹如何判斷並查詢自己家是否位在風險區。閱讀完文章後，可利用「挑戰閱讀王」來檢視自己對文章的理解程度；「延伸知識」與「延伸思考」中的資料，可幫助你更深入的理解文章內容！

關鍵字短文

〈土壤液化——我家會不會有危險？！〉文章中提到許多重要的字詞，試著列出幾個你認為最重要的關鍵字，並以一小段文字，將這些關鍵字全部串連起來。例如：

關鍵字：1. 地震　2. 土壤液化　3. 地層　4. 地下水　5. 噴砂

短文：在地震頻繁的臺灣，時常會聽到地震後發生土壤液化的災害，造成房屋傾斜、毀損，有時也會發生噴砂情況。深入探究此現象，是因為地層中的地下水受到外力擠壓，水分因而包圍住地層中較為細碎的沙土質，使得原先穩定的沙土變成流動的泥漿，再加上地表建築物向下的壓力，使得液化的土壤向其他方向流動，造成了噴砂，甚至對建築物造成損害。

關鍵字：1.＿＿＿＿＿　2.＿＿＿＿＿　3.＿＿＿＿＿　4.＿＿＿＿＿　5.＿＿＿＿＿

短文：＿＿＿＿＿＿＿＿＿＿＿＿＿＿＿＿＿＿＿＿＿＿＿＿＿＿＿＿＿＿＿＿

＿＿＿＿＿＿＿＿＿＿＿＿＿＿＿＿＿＿＿＿＿＿＿＿＿＿＿＿＿＿＿＿＿＿

＿＿＿＿＿＿＿＿＿＿＿＿＿＿＿＿＿＿＿＿＿＿＿＿＿＿＿＿＿＿＿＿＿＿

挑戰閱讀王

閱讀完〈土壤液化──我家會不會有危險？！〉後，請你一起來挑戰以下題組。

答對就能得到👍，奪得 10 個以上，閱讀王就是你！加油！

☆請試著回答關於土壤液化的基本問題：

（　）1.請問常發生土壤液化的地區，通常具有哪些地質特徵？（多選題，答對可
　　　　得到 2 個👍哦！）
　　　　①位於斷層帶之上　②在顆粒較小的砂石地層之上
　　　　③在富含地下水的地層之上　④在山坡之上

（　）2.請問為什麼地下水是造成土壤液化的重要因素？（答對可得到 1 個👍哦！）
　　　　①因為超抽地下水會造成房屋下陷
　　　　②因為地下水的流動會帶走大量的沙土
　　　　③因為地下水受壓時會使得沙土泥漿化，形成不穩定的地質

（　）3.請問最容易發生土壤液化的地層組成為何？（答對可得到 1 個👍哦！）
　　　　①堅硬的岩層
　　　　②介於礫石與沙子之間的細小砂石
　　　　③比沙子還要細小的顆粒

☆有關土壤液化，請你再試著回答下列相關問題：

（　）4.請問土壤液化現象，通常會與下列何種自然災害同時發生？（答對可得到
　　　　1 個👍哦！）
　　　　①颱風　②旱災　③地震　④土石流

（　）5.承上題，這個天災如何引起土壤液化的發生？（答對可得到 1 個👍哦！）
　　　　①颱風帶來大量降雨，使得土壤濕潤而液化
　　　　②地震對地層造成擠壓，使得地下水與沙土因外力而液化
　　　　③土石流帶來大量泥漿造成土壤液化
　　　　④乾旱使得土壤龜裂，讓地下的含水泥漿有縫隙可以噴出地表

☆有關土壤液化的發生可能，以及預防方式，請試著回答下列問題：

（　）6.透過下列哪些方式，能夠分析出一個地區的土壤液化潛勢？（多選題，答
　　　　對可得到 2 個👍哦！）
　　　　①鑽探一個地區的地質
　　　　②分析地下水的水位
　　　　③分析一個地區地質的組成顆粒大小

（　）7.透過下列哪些方式，較能夠降低土壤液化對建築物的影響？（多選題，答
　　　　對可得到 2 個👍哦！）
　　　　①加強地基的強度與深度
　　　　②將地層的結構置換成更穩定的混凝土
　　　　③改建並更新老舊的建築物
　　　　④降低地下水的水位

延伸知識

1.**土壤液化 vs 地層下陷**：臺灣西南部地區，除了容易因地震造成土壤液化的災害，
新聞中也常會聽到，雲林、彰化等地區發生「地層下陷」，使得建築物傾斜。雖
然土壤液化與地層下陷都會讓建築物變得支撐不足，但兩者的成因並不相同。地
層下陷是指地表垂直沉陷的現象，發生的時間從數日到數千年都有可能，而且可
能成因有很多。在臺灣發生地層下陷的原因，大多是因為超抽地下水，使得地底
下的含水層失去水分，因而向下擠壓密合，造成地表陷落。

2.**土壤液化潛勢**：文中提及，政府公布了一份土壤液化潛勢分析，供大眾查詢不同
地區土壤液化的潛在威脅。這個潛勢分析所根據的資料，包括在各地鑽探所得到
的地層組成、地下水水位，以及當該地發生強度五到六級的地震時，土壤液化可
能發生的嚴重程度等等，藉以分析當地發生土壤液化的威脅有多大。

3.**臺灣土壤液化潛勢區**：根據政府公布的土壤液化潛勢資料，臺灣土壤液化高風險
區集中在嘉南平原的沿海地區。嘉南平原由河流帶來的砂石沉積而成，再加上沿
海地區地下水層豐厚，使得土壤液化的風險偏高。

延伸思考

1. 延伸知識中提及，臺灣的嘉南平原沿海區域為土壤液化高風險區。請查查看，在潛勢圖中，還有哪些地區也是土壤液化的高風險區。這些地區的地質特徵，與嘉南平原沿海有哪些相似之處？

2. 除了土壤液化，臺灣也常發生地層下陷，造成建築物損害。請查查看，除了超抽地下水，還有什麼人為或自然因素會造成地層下陷？

3. 儘管土壤液化聽起來很可怕，但實際上真正發生土壤液化的機會並不高，而且建築物結構的受損問題，也不如強烈地震造成的影響那般嚴重。請查查看，怎麼樣的建築工法，能夠較完善的減低、甚至去除土壤液化的潛在危機？這些建築具有什麼特性？

解答

尋找水世界
1.①②③　2.①②　3.③　4.②④　5.①　6.①②④　7.③④⑤　8.①　9.①③　10.②④　11.②

追日行動
1.①②③　2.②　3.④　4.④　5.①　6.②　7.①④　8.①③④　9.①②③　10.②

驚天動地的告別──超新星爆炸！
1.③　2.②　3.②　4.①③　5.②　6.②　7.①④

外星地牛也翻身
1.②③　2.①③　3.②　4.①②③④　5.②　6.①②③　7.①④

地球的「御風術」
1.①　2.①　3.①　4.②　5.②　6.①②③　7.③　8.③　9.①　10.①②④

超級聖嬰來襲
1.②④　2.③　3.①　4.②③　5.①　6.②④　7.①　8.③　9.①②③　10.①②③④

不能「梅」有雨
1.①③　2.②　3.②　4.②　5.②　6.①②　7.①②③　8.①④

土壤液化──我家會不會有危險？！
1.②③　2.③　3.②　4.③　5.②　6.①②③　7.①②③④

科學少年學習誌
科學閱讀素養◆地科篇 7

編著／科學少年編輯部
封面設計暨美術編輯／趙璦
責任編輯／科學少年編輯部、姚芳慈（特約）
特約行銷企劃／張家綺
科學少年總編輯／陳雅茜

封面圖源／ Shutterstock

發行人／王榮文
出版發行／遠流出版事業股份有限公司
地址／臺北市中山北路一段 11 號 13 樓
電話／ 02-2571-0297　傳真／ 02-2571-0197
郵撥／ 0189456-1
遠流博識網／ www.ylib.com　電子信箱／ ylib@ylib.com
ISBN ／ 978-957-32-9767-3
2023 年 4 月 1 日初版
版權所有　‧　翻印必究
定價　‧　新臺幣 200 元

國家圖書館出版品預行編目

科學少年學習誌：科學閱讀素養. 地科篇7/科學
少年編輯部編著. -- 初版. -- 臺北市：遠流出版
事業股份有限公司, 2023.04-
　　冊；21×28 公分
ISBN 978-957-32-9767-3 (第7冊：平裝)
1.科學 2.青少年讀物
308　　　　　　　　　　　　　111014164

★本書為《科學閱讀素養地科篇：超級聖嬰來襲》更新改版，部分內容重複。